外行学电脑

傻瓜书

（超值畅销版）

九天科技 编著

中国铁道出版社
CHINA RAILWAY PUBLISHING HOUSE

内 容 简 介

　　本书对电脑的基础知识、系统应用、快速打字、必备软件、网络应用和安全防范等方面进行了详细的讲解与剖析。本书知识系统全面、实例教学丰富、步骤详尽清晰、视频演示直观，确保读者学起来轻松，做起来有趣，在实践操作中不断提高自身水平，完成从新手到高手的飞跃。本书共分为 14 章，包括电脑基础入门、Windows XP 的基本操作、系统文件管理、轻松学打字、系统自带程序、常用工具软件、常用娱乐软件、Word 2007 文字处理、使用 Excel 2007 制作电子表格、使用 PowerPoint 2007 制作幻灯片、局域网应用、轻松学上网、网上娱乐生活和系统安全与维护等。

　　本书结构合理，注重实用，不仅可以作为大、中专学校和各类电脑培训班的教材，也可作为广大电脑初学者的参考书。即使您是对电脑一无所知的"外行"，同样可以轻轻松松学习本书，相信本书将成为电脑初学者入门的最佳选择。

图书在版编目（CIP）数据

外行学电脑傻瓜书:超值案例版/九天科技编著.
北京：中国铁道出版社，2012.8
ISBN 978-7-113-14776-1

Ⅰ.①外…　Ⅱ.①九…　Ⅲ.①电子计算机－基本知识
Ⅳ.①TP3

中国版本图书馆 CIP 数据核字（2012）第 108356 号

书　　名：外行学电脑傻瓜书（超值案例版）	
作　　者：九天科技　编著	
策　　划：苏　茜	读者热线电话：010-63560056
责任编辑：吴媛媛	编辑助理：王　佩
责任印制：赵星辰	
出版发行：中国铁道出版社（北京市西城区右安门西街 8 号	邮政编码：100054）
印　　刷：三河市华丰印刷厂	
版　　次：2012 年 8 月第 1 版	2012 年 8 月第 1 次印刷
开　　本：850mm×1092mm　1/16	印张：18.25　字数：427 千
书　　号：ISBN 978-7-113-14776-1	
定　　价：39.80 元（附赠光盘）	

版权所有　侵权必究

前　言

　　生活在这个日新月异的信息时代，我们每天都离不开电脑。在日常工作、娱乐、交友，甚至买卖股票的过程中，电脑成为我们的得力帮手。熟练操作电脑不仅成为计算机行业人士的必备技能，同时也已经成为非计算机专业人士需要学习和掌握的必备技能。因此，无论是在校学习的学生，或是已经参加工作的在职人员，或是正在辛苦求职的毕业生，或是在商海打拼的商业人士，还是退休在家享受天伦之乐的中老年读者朋友，以及其他各行各业的人士，都越来越关注电脑实际操作技能的学习与培训。本书正是为了满足广大读者的这种迫切需求，由资深电脑教育专家精心策划和编撰，为广大非电脑专业和行业的初级读者服务，努力将读者从"外行"变为"专家"，提高学习和工作效率，增添生活乐趣。

　　本书采用通俗简洁的语言、典型丰富的实例，全面、系统地讲解了初学者需要掌握的电脑操作知识。全书立足于广大电脑初学者的兴趣和实际应用，将最简单的方法和最实用的技巧展现在读者面前，帮助您轻轻松松学会电脑的使用方法。本书采用特有的图文对照讲解方式，将技术知识与实际操作相结合，避免读者在学习过程中走弯路，为读者提供了最高效的学习方法和技巧。

▤内容导读▤

　　本书对电脑的基础知识、系统应用、快速打字、必备软件、网络应用和安全防范等方面进行了详细的讲解与剖析。本书的知识系统全面、实例教学丰富、步骤详尽清晰、视频演示直观，确保读者学起来轻松，做起来有趣，在实践操作中不断提高自身水平，完成从新手到高手的飞跃。

　　本书共分为 14 章，包括电脑基础入门、Windows XP 的基本操作、系统文件管理、轻松学打字、系统自带程序、常用工具软件、常用娱乐软件、Word 2007 文字处理、使用 Excel 2007 制作电子表格、使用 PowerPoint 2007 制作幻灯片、局域网应用、轻松学上网、网上娱乐生活和系统安全与维护等。

▤光盘特色▤

　　本书配套长达 12 小时的多媒体视听教学光盘，情景教学、互动学习，既是与图书完美结合的视听课堂，又是一套具备完整教学功能的学习软件，直观、便利、实用。

　　光盘中提供了全书实例涉及的所有素材文件，方便读者上机练习实践，达到即学即用、举一反三的学习效果。

　　光盘中还赠送由中国铁道出版社出版的《Windows 7 傻瓜书》的多媒体光盘视频，一盘多用，超大容量，物超所值。

＝适用人群＝

本书主要面对初学者，起点低，适用面广，适合以下读者群体学习阅读：

1. 希望尽快掌握电脑操作技能的初级读者；
2. 在校学习的大、中专院校的学生和非计算机行业的从业人员；
3. 应届大、中专毕业生和从事电脑基础操作的求职人员；
4. 对电脑感兴趣的中老年朋友；
5. 期望提高电脑操作水平的各类读者。

＝售后服务＝

如果读者在使用本书的过程中遇到什么问题或者有什么好的意见或建议，可以通过发送电子邮件（E-mail：jtbook@yahoo.cn）或者（QQ：843688388）联系我们，我们将及时予以回复，并尽最大努力提供学习上的指导与帮助。

希望本书能大大提高广大读者朋友的学习和工作效率，由于编者水平有限，书中可能存在不足之处，欢迎读者朋友提出宝贵意见，我们将加以改进，在此深表谢意！

编　者
2012 年 6 月

目 录

第 1 章 电脑基础从零学

1.1 电脑的产生与发展 ·········· 2
1.2 电脑的组成 ··················· 2
- 1.2.1 硬件 ······················ 2
- 1.2.2 软件 ······················ 4

1.3 电脑的种类 ··················· 5
- 1.3.1 台式电脑 ·················· 5
- 1.3.2 便携式电脑 ··············· 5

1.4 合理选购电脑 ················ 5
- 1.4.1 品牌和组装电脑 ·········· 6
- 1.4.2 根据自身需求选购电脑 ··· 6

1.5 电脑的启动与关闭 ·········· 6
- 1.5.1 启动电脑 ·················· 6
- 1.5.2 关闭电脑 ·················· 8

1.6 设置电脑状态 ················ 8
- 1.6.1 切换用户账户 ············· 8
- 1.6.2 注销系统 ·················· 9
- 1.6.3 设置待机状态 ············· 9
- 1.6.4 设置休眠 ················· 10

第 2 章 Windows XP 的基本操作

2.1 桌面图标 ···················· 12
- 2.1.1 排列图标 ················· 12
- 2.1.2 更改桌面图标 ············ 12
- 2.1.3 创建桌面快捷方式 ······· 13
- 2.1.4 删除图标 ················· 15

2.2 自定义桌面 ·················· 15
- 2.2.1 认识 Windows XP 桌面 ··· 15
- 2.2.2 设置桌面主题 ············ 15
- 2.2.3 更换桌面背景 ············ 16

- 2.2.4 设置屏幕保护程序 ······· 18
- 2.2.5 设置显示外观 ············ 19

2.3 窗口的操作 ·················· 19
- 2.3.1 认识窗口 ················· 19
- 2.3.2 打开和关闭窗口 ·········· 21
- 2.3.3 移动窗口 ················· 21
- 2.3.4 改变窗口大小 ············ 22
- 2.3.5 切换窗口 ················· 23
- 2.3.6 排列窗口 ················· 23

2.4 任务栏的设置 ··············· 24
- 2.4.1 调整任务栏的高度和位置 · 24
- 2.4.2 隐藏任务栏 ··············· 25
- 2.4.3 锁定任务栏 ··············· 26
- 2.4.4 自定义通知区域 ·········· 26

2.5 控制面板的使用 ············· 27
- 2.5.1 删除应用程序 ············ 27
- 2.5.2 设置系统属性 ············ 28
- 2.5.3 设置鼠标属性 ············ 29
- 2.5.4 日期和时间的设置 ······· 31

2.6 用户账户管理 ··············· 32
- 2.6.1 创建新账户 ··············· 32
- 2.6.2 更改用户权限 ············ 33
- 2.6.3 更改用户图片 ············ 34
- 2.6.4 创建密码 ················· 35
- 2.6.5 删除账户 ················· 35

第 3 章 文件管理有妙招

3.1 认识文件和文件夹 ·········· 38
- 3.1.1 认识文件 ················· 38
- 3.1.2 认识文件夹 ··············· 38

3.2 查看文件或文件夹 ·········· 40
- 3.2.1 查看文件和文件夹的显示方式 ··· 40

3.2.2 查看文件和文件夹的属性 ……………… 40

3.3 文件和文件夹的基本管理 ……………… 42

3.3.1 新建文件或文件夹 …………………… 42

3.3.2 选定文件或文件夹 …………………… 43

3.3.3 复制、移动文件或文件夹 …………… 45

3.3.4 删除和恢复文件或文件夹 …………… 48

3.3.5 重命名文件或文件夹 ………………… 50

3.4 文件和文件夹的高级管理 ……………… 51

3.4.1 查找文件或文件夹 …………………… 51

3.4.2 隐藏文件或文件夹 …………………… 52

3.4.3 显示隐藏文件 ………………………… 54

3.4.4 自定义文件夹图标 …………………… 54

3.4.5 共享文件和文件夹 …………………… 56

第 4 章　轻轻松松学打字

4.1 认识输入法 …………………………… 58

4.1.1 输入法简介 …………………………… 58

4.1.2 认识语言栏 …………………………… 58

4.1.3 认识中文输入法状态栏 ……………… 59

4.2 输入法的基本操作 …………………… 60

4.2.1 输入法的选择与切换 ………………… 60

4.2.2 添加输入法 …………………………… 60

4.2.3 删除输入法 …………………………… 61

4.3 常用输入法 …………………………… 62

4.3.1 安装输入法 …………………………… 62

4.3.2 微软拼音输入法 ……………………… 65

4.3.3 搜狗拼音输入法 ……………………… 69

4.3.4 QQ 拼音输入法 ……………………… 72

4.4 字体的安装与卸载 …………………… 75

4.4.1 下载字体 ……………………………… 76

4.4.2 安装字体 ……………………………… 77

4.4.3 卸载字体 ……………………………… 78

第 5 章　系统自带程序

5.1 附件工具 ……………………………… 80

5.1.1 录音机 ………………………………… 80

5.1.2 画图工具 ……………………………… 81

5.1.3 计算器 ………………………………… 83

5.1.4 写字板 ………………………………… 85

5.2 Windows 自带小游戏 ………………… 87

5.2.1 蜘蛛纸牌 ……………………………… 87

5.2.2 扫雷 …………………………………… 88

5.2.3 红心大战 ……………………………… 89

第 6 章　常用工具软件

6.1 压缩软件 ……………………………… 92

6.1.1 直接压缩文件 ………………………… 92

6.1.2 加密压缩文件 ………………………… 94

6.1.3 解压文件 ……………………………… 95

6.2 下载软件 ……………………………… 96

6.2.1 安装迅雷 ……………………………… 96

6.2.2 设置迅雷 ……………………………… 98

6.2.3 使用迅雷下载 ………………………… 99

6.3 看图软件 ACDSee …………………… 101

6.3.1 ACDSee 安装与图片浏览 …………… 101

6.3.2 设置图片类别和评级 ……………… 103

6.3.3 制作视频 …………………………… 104

6.4 阅读软件 Adobe Reader …………… 107

6.4.1 安装 Adobe Reader ………………… 107

6.4.2 使用 Adobe Reader ………………… 108

6.5 光影魔术手 …………………………… 110

6.6 金山词霸 ……………………………… 112

第 7 章　常用娱乐软件

7.1 千千静听 ……………………………… 116

7.1.1 安装千千静听 ……………………… 116

7.1.2 设置千千静听 ……………………… 118

7.1.3 播放歌曲 …………………………… 120

7.2 酷狗音乐播放器 ……………………… 120

7.3 暴风影音 …………………………… 122
7.3.1 安装暴风影音 …………………… 122
7.3.2 使用暴风影音 …………………… 124

第 8 章 文字处理大师——Word 2007

8.1 认识 Word 2007 操作界面 ………… 128
8.2 Word 2007 的基本操作 …………… 129
8.2.1 Word 2007 的启动与退出 ……… 129
8.2.2 新建 Word 文档 ………………… 130
8.2.3 输入文本 ………………………… 131
8.2.4 选定文本 ………………………… 132

8.3 查找与替换文本 …………………… 133
8.3.1 查找文本 ………………………… 134
8.3.2 替换文本 ………………………… 135

8.4 设置文本及段落格式 ……………… 136
8.4.1 设置字体格式 …………………… 136
8.4.2 设置段落格式 …………………… 137

8.5 表格的应用 ………………………… 138
8.5.1 插入表格 ………………………… 138
8.5.2 设置表格格式 …………………… 140

8.6 插入对象 …………………………… 142
8.6.1 插入图片 ………………………… 142
8.6.2 插入艺术字 ……………………… 144
8.6.3 插入 SmartArt 图形 …………… 146

8.7 页面设置 …………………………… 148
8.7.1 插入页眉和页脚 ………………… 148
8.7.2 插入页码 ………………………… 150

第 9 章 电子表格制作——Excel 2007

9.1 Excel 2007 的工作界面 …………… 152
9.2 Excel 2007 的基本操作 …………… 152
9.2.1 工作簿的基本操作 ……………… 152
9.2.2 工作表的基本操作 ……………… 155

9.3 数据的输入 ………………………… 159

9.3.1 输入文本型数据 ………………… 159
9.3.2 输入负数和分数 ………………… 160
9.3.3 输入日期和时间 ………………… 161
9.3.4 自动填充数据功能 ……………… 163

9.4 美化工作表 ………………………… 165
9.4.1 设置字体格式 …………………… 165
9.4.2 设置单元格的边框和底纹 ……… 166
9.4.3 设置工作表背景 ………………… 168
9.4.4 自动套用表样式 ………………… 169

9.5 数据的处理 ………………………… 170
9.5.1 排序 ……………………………… 170
9.5.2 筛选 ……………………………… 173

9.6 图表的应用 ………………………… 174
9.6.1 创建图表 ………………………… 175
9.6.2 美化图表 ………………………… 176

9.7 公式和函数的应用 ………………… 178
9.7.1 输入公式 ………………………… 178
9.7.2 输入函数 ………………………… 179

9.8 工作表的打印 ……………………… 181
9.8.1 设置打印区域 …………………… 181
9.8.2 打印预览 ………………………… 182
9.8.3 打印工作表 ……………………… 182

第 10 章 幻灯片设计——PowerPoint 2007

10.1 PowerPoint 2007 的工作界面 …… 184
10.2 幻灯片的基本操作 ………………… 185
10.2.1 插入幻灯片 …………………… 185
10.2.2 选择幻灯片 …………………… 186
10.2.3 复制幻灯片 …………………… 187
10.2.4 删除幻灯片 …………………… 187

10.3 文本的编辑 ………………………… 188
10.3.1 输入文本 ……………………… 188
10.3.2 编辑文本 ……………………… 190

10.4 丰富幻灯片 ………………………… 192
10.4.1 插入艺术字 …………………… 192

10.4.2 插入图片 ·········· 193

10.4.3 插入剪贴画 ·········· 195

10.4.4 插入表格 ·········· 197

10.4.5 创建相册 ·········· 198

10.4.6 创建图表 ·········· 200

10.5 设置幻灯片的主题 ··········202

10.5.1 设置主题样式 ·········· 202

10.5.2 设置主题颜色 ·········· 203

10.5.3 设置字体 ·········· 204

10.5.4 设置主题效果 ·········· 205

10.6 背景的设置 ··········205

10.6.1 设置背景样式 ·········· 205

10.6.2 设置背景格式 ·········· 206

10.7 母版的应用 ··········208

10.8 动画的添加 ··········209

10.9 幻灯片放映 ··········212

10.9.1 设置放映类型 ·········· 212

10.9.2 排练计时 ·········· 213

10.9.3 自定义放映 ·········· 213

10.9.4 添加动作按钮 ·········· 215

第 11 章　轻松搞定局域网

11.1 认识局域网 ··········218

11.1.1 了解局域网 ·········· 218

11.1.2 组建局域网的硬件设备 ·········· 218

11.1.3 局域网结构图 ·········· 219

11.2 组建局域网 ··········219

11.2.1 运行网络安装向导 ·········· 219

11.2.2 设置 IP 地址和工作组 ·········· 221

11.3 设置共享资源 ··········223

11.3.1 共享文件夹 ·········· 223

11.3.2 共享磁盘驱动器 ·········· 224

11.3.3 共享打印机 ·········· 225

11.4 访问共享资源 ··········226

11.4.1 访问共享文件夹 ·········· 226

11.4.2 使用网络打印机 ·········· 227

11.4.3 访问其他用户共享文档的文件夹 ·········· 229

第 12 章　IE 8 浏览器的使用

12.1 认识 Internet Explorer 8 浏览器 ·······232

12.1.1 启动和关闭 IE 浏览器 ·········· 232

12.1.2 认识 IE 浏览器的操作界面 ·········· 232

12.2 保存网页中的资料 ··········233

12.2.1 保存网页 ·········· 233

12.2.2 保存网页中的文字 ·········· 234

12.2.3 保存网页中的图片 ·········· 235

12.3 IE 浏览器自定义设置 ··········236

12.3.1 添加与整理收藏夹 ·········· 236

12.3.2 设置浏览历史记录 ·········· 237

12.3.3 设置主页 ·········· 237

12.4 搜索引擎的使用 ··········238

12.4.1 使用 Baidu 搜索网页 ·········· 238

12.4.2 使用 Baidu 搜索图片 ·········· 239

12.4.3 使用 Baidu 搜索音乐 ·········· 240

12.4.4 使用 Google 搜索英文网页 ·········· 241

第 13 章　网上娱乐生活

13.1 QQ 聊天 ··········244

13.1.1 安装 QQ ·········· 244

13.1.2 申请 QQ 账号 ·········· 245

13.1.3 使用 QQ 聊天 ·········· 246

13.2 QQ 游戏 ··········248

13.2.1 安装 QQ 游戏 ·········· 248

13.2.2 进行游戏 ·········· 249

13.3 网上听音乐 ··········251

13.3.1 安装 QQ 音乐 ·········· 251

13.3.2 使用 QQ 音乐 ·········· 253

13.4 在线观看视频 ··········254

13.5 欣赏在线 Flash ··········256

13.6 PPLive 网络电视 ··········258

13.6.1 安装 PPLive ················· 258

13.6.2 观看 PPLive 网络电视 ········· 259

第 14 章　系统安全与维护

14.1　备份与还原系统 ················· 264

14.1.1 备份系统 ···················· 264

14.1.2 还原系统 ···················· 265

14.2　磁盘的维护 ···················· 267

14.2.1 磁盘清理 ···················· 267

14.2.2 磁盘查错 ···················· 268

14.2.3 磁盘碎片整理 ················· 268

14.3　Windows 优化大师 ············· 270

14.3.1 系统检测 ···················· 270

14.3.2 系统优化 ···················· 272

14.3.3 系统清理 ···················· 273

14.4　瑞星杀毒软件 ·················· 275

14.4.1 瑞星杀毒软件的安装 ·········· 275

14.4.2 启用实时监控 ················· 277

14.4.3 查杀电脑病毒 ················· 278

14.5　防火墙 ························· 280

14.5.1 防火墙介绍 ··················· 280

14.5.2 Windows 防火墙 ·············· 280

第1章

电脑基础从零学

章前导读

21世纪是信息技术高速发展的时代，电脑已经被人们广泛应用到各个领域与行业中，并成为人们生活中不可缺少的一部分。因此掌握好电脑技术显得尤为重要，本章将从学习电脑最基础的知识开始，带领读者接触并认识电脑。

- ✓ 电脑的产生与发展
- ✓ 电脑的组成
- ✓ 电脑的种类
- ✓ 合理选购电脑
- ✓ 电脑的启动与关闭
- ✓ 设置电脑状态

小神通，我想选购一台电脑，但又不太了解电脑知识，你能帮帮我吗？

没问题，让博士先来给你介绍一下电脑的基础知识吧，掌握了这些知识不仅对你购买电脑有帮助，还会为你将来正确地使用电脑打下良好的基础。

21世纪是信息时代，电脑已经普及到我们很多人的家中，掌握好电脑知识对我们日后的学习生活有很大帮助，下面就跟我一起来走进神秘的电脑世界吧！

1.1 电脑的产生与发展

世界上第一台电子计算机诞生于 1946 年 2 月，它是由美国宾夕法尼亚大学莫尔学院的莫尔小组承担研制的。这台计算机是第一台真正意义上的计算机，被命名为 ENIAC（埃尼阿克）。"埃尼阿克"的诞生，是计算机发展史上的一座纪念碑，为现代计算机的诞生奠定了重要基础。

从 1946 年至今，短短的几十年中，计算机的发展经历了以下 4 个重要阶段：

提示您

计算机的发展仍然是方兴未艾，其发展前景是极其广阔而诱人的。

1．电子管时代

时间为 1946—1958 年，当时的电子计算机采用电子管作为基本的电子元件，其特点是体积大、耗电大、可靠性差、价格昂贵、维修复杂，但它奠定了以后计算机技术的基础。

2．晶体管时代

时间为 1959—1964 年，这一时期的电子计算机采用晶体管作为基本电子元件。晶体管的发明推动了计算机的发展，逻辑元件采用了晶体管以后，计算机的体积大大缩小，耗电减少，可靠性提高，性能比第一代计算机有很大的提高。

3．中小规模集成电路时代

时间为 1964—1970 年，这时的电子计算机采用中、小规模集成电路作为基本电子元件。集成电路是利用光刻技术将许多逻辑电路集中在体积很小的半导体芯片上，每块芯片上可容纳成千上万个晶体管。计算机的体积更小型化、耗电量更少、可靠性更高，研制费用降低，这时，小型机也蓬勃发展起来，应用领域日益扩大。

4．大规模、超大规模集成电路时代

时间从 1971 年至今，微处理器得到研发并广泛应用于计算机中，成为计算机的主要部件。这一代计算机功能更强，体积更小，并且研发成本更低。人们所说的奔四、赛扬等处理器都是微处理器，因此人们又将使用了微处理器的计算机称为微机。

多学点

目前还没有出现第五代计算机，但突破迄今一直沿用的冯·诺依曼原理是必然趋势。

1.2 电脑的组成

电脑由软件和硬件组成，其中硬件包括输入设备、输出设备、主机和外设等，电脑软件包括系统软件和应用软件等。下面就为大家介绍一些常用的硬件设备与软件。

1.2.1 硬件

电脑的硬件是指组成它的各种物理设备的总称，由输入设备、输出设备、主机和外设组成。下面分别对其进行介绍。

1．输入设备——鼠标和键盘

键盘是主要的输入设备，通过它可向电脑发出命令、输入数据等。鼠标被用户持握在手中，用于操作电脑设备，因其形似老鼠而得名，它可以代替键盘输入烦琐的指令，使计算机的操作更加简便。下图所示为一套鼠标和键盘。

2．输出设备——显示器

显示器一般分为 CRT 显示器和 LCD 显示器两种。CRT 显示器具有可视角度大、色彩还原度高、色度均匀等优点，价格也要比 LCD 显示器便宜；LCD 显示器即液晶显示器，其优点是体积小、功耗小、显示质量高、能降低用眼疲劳，且电磁辐射小，但是在色彩饱和度、明亮度、清晰度等方面要比 CRT 显示器略逊一筹。下图所示为一台液晶显示器。

3．主机

电脑主机主要由机箱、电源、CPU、主板、内存条、硬盘、显卡及声卡等组成。机箱的主要作用是放置和固定各种电脑配件，起到一个承托和保护的作用。此外，机箱还具有屏蔽电磁辐射的作用。下图所示为一台主机机箱。

4．外设

顾名思义，外设就是连接电脑的外部设备，如音箱、打印机、扫描仪、移动存储设备等。下面将为大家介绍一些常见的电脑外设。

☑ 音箱

音箱是指将音频信号变换为声音的一种设备。通俗地讲就是指音箱主机箱体或低音炮箱体内自带的功率放大器，对音频信号进行放大处理后由音箱本身回放出声音。音箱包括箱体、扬声器、分频器 3 个部分。下图所示为一款音箱设备。

☑ 打印机

打印机是计算机的输出设备之一，用于将计算机处理结果打印在相关介质上。按工作方式可将打印机分为点阵打印机、针式打印机、喷墨打印机和激光打印机等。下图所示为一台喷墨打印机。

☑ U 盘

U 盘又称闪存或闪盘，它是一个无须物理驱动器的微型高容量移动存储设备，通过 USB 接口与电脑连接，即插即用。它具有小巧、可靠、易于操作等特点，适合随身携带。下图所示为一款 U 盘。

1.2.2 软件

软件是指用来连接用户和与硬件之间的接口，用户主要是通过软件对计算机进行交流的。计算机软件总体分为系统软件和应用软件两大类。

1．系统软件

系统软件负责管理计算机系统中各种独立的硬件，使它们可以协调工作并提供最基本的功能。系统软件可分为操作系统和支持软件，其中操作系统是最基本的软件，例如我们平常使用的 Windows XP 和 Windows Vista 等。另外操作系统的补丁程序及硬件驱动程序等都属于系统软件类。

2．应用软件

应用软件是为了某种特定的用途而开发的软件，它可以是一个特定的程序，也可以是一组功能联系密切、相互合作的程序集合。应用软件可以细分的种类更多，如工具软件、游戏软件、管理软件等。我们经常使用的微软的 Office 软件、Windows 优化大师、腾讯 QQ 等软件都属于应用软件。右图所示为用户常用的 Microsoft Office Word 2007 软件。

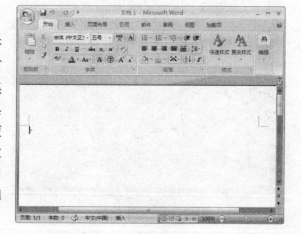

1.3 电脑的种类

电脑主要分为台式电脑和便携式电脑两种。一般说来，台式机价格较低，但不便于携带；而便携式电脑最大的优点就是方便携带，但是相比较而言它的价格较高。

1.3.1 台式电脑

台式电脑又可分为组装机和品牌机。

组装机有很大的自由性，可根据自己的爱好来配置，而且价格相对便宜；而品牌机在兼容性和品质上都更有保证，并且售后服务比较有保障，但价格相对高些。右图所示为一台台式品牌电脑。

1.3.2 便携式电脑

便携式电脑包括笔记本电脑和掌上电脑，目前流行的一些带有操作系统的智能手机也可以算是一种电脑的移动设备。

便携性是笔记本式计算机所具有的最大的优势，其主要优点有：体积小、重量轻、携带方便。超轻超薄是其主要的发展方向，它的性能会越来越高，功能会更加丰富。如下图（左）所示为一台笔记本式计算机。

掌上电脑，又称为PDA，相对于传统电脑，PDA的优点是轻便、小巧、可移动性强，同时又不失功能的强大，一般用于个人信息的存储、应用、和管理。如下图（右）所示为一台PDA。

1.4 合理选购电脑

随着电脑的普及，越来越多的家庭都已经购买或准备购买属于自己的家庭电脑，那么如何来选购最适合自己的电脑呢？下面，我们就来为读者介绍一些选购电脑的方法，希望对大家有所帮助。

1.4.1 品牌和组装电脑

品牌电脑的生产厂家都具备很强的技术实力，所以品牌电脑具有很多非常人性化的设计（不开机听音乐、一键上网、一键备份等），另外品牌电脑的商家都会为客户预装正版操作系统。品牌电脑的外观都是由专业设计师设计的，所以品牌电脑的外观都很时尚和靓丽。但是受成本和市场策略的限制，厂家不可能为每一台电脑都设计外形，所以就造成了品牌电脑在同一型号上的外观雷同，无法满足追求个性用户的选购需求。

组装电脑受商家的经济实力的限制，不可能具有统一的外观设计和专门定制的功能。但这一点恰恰给那些喜欢追求个性的买家提供了实现拥有一台彰显个性的电脑的机会。

总之，品牌电脑的侧重点在外观和操作的灵活性上，并且售后服务较完善，但是在同等价位上，品牌电脑的性能明显不如组装电脑。建议初学者可以选购适合自己的品牌电脑，对电脑有一定了解的用户可以选购性价比较高的组装电脑。

> **提示您**
>
> 选购电脑切不可盲目跟风，最好的不一定最适合自己，根据自身需要选购才是最科学、最合理的。

1.4.2 根据自身需求选购电脑

在准备购买电脑之前，应当首先问问自己：电脑是给谁买的？买这台电脑用来做什么，准备在这上面花多少钱？这才是正确的选购思路。

如果是准备给父母等年纪较大的人选购，一般只满足用电脑来打字、制表、看影碟、上网聊天等功能即可，并且不用考虑日后会升级。对于这样的情况，一般建议购买品牌电脑。因为一般年纪较大的人电脑操作水平较低，品牌电脑越来越趋向于家电化的设计，其越来越简单的操作方法一定会满足他们的需求。

如果用户是一位狂热的游戏发烧友，那么就需要一台配备了双核处理器、独立显卡、大内存、大功率电源的组装电脑，不过价钱自然不菲。

如果准备给自己的孩子购买，并且孩子对电脑知识又很感兴趣，那么建议购买组装电脑。现在的孩子都喜欢追求个性，一台外观和别人一样，毫无个性的电脑是无法满足他要彰显个性的需求的。何况随着孩子对电脑知识的增加，他一定会不满足于品牌电脑的有限功能，所以升级在所难免。而只有组装电脑才具备灵活的升级空间和众多可供选择的个性配件。

总之，用户在选购电脑的过程中不要盲目，应先做一个需求分析，再根据自身实际情况的需要综合衡量，这样才能以较低的价格购买到最适合自己的电脑。

> **多学点**
>
> 购买电脑不可能一步到位，其更新换代很快，性价比最高才是最合适的。

1.5 电脑的启动与关闭

了解了电脑的基本构成之后，下面我们就来学习一下如何启动与关闭电脑。

1.5.1 启动电脑

使用电脑前首先要启动电脑，进入 Windows XP 操作系统。对于一台已经配置好的电脑，其开启方法是非常简单的。

第1步 打开显示器 按下显示器上的启动键（通常在显示器的右下角），开启电脑显示器。

第2步 启动主机 按下主机上的 Power 键，打开主机电源。

第3步 进入开机画面 启动电脑后，画面自动进入 Windows XP 操作系统开机启动画面。启动完毕后即可登录系统。

第4步 登录账户 如果系统设置了密码或设置了多个用户，则需要选择用户，并输入正确密码，按【Enter】键进入系统。

第5步 进入操作系统 等待系统加载开机启动程序，加载完毕后便进入了 Windows XP 的操作界面。

 高手点拨

如果计算机只有一个用户，并且没有设置密码，则开机时会自动进入系统界面。

1.5.2 关闭电脑

第1步 打开"关闭计算机"对话框 ❶ 单击"开始"按钮。❷ 在弹出的"开始"菜单中单击"关闭计算机"按钮。

第2步 关闭电脑 打开"关闭计算机"对话框,单击"关闭"按钮。稍等片刻,主机将不再运行,显示器画面变黑,此时关闭显示器即可。

电脑小专家

问:如何重新启动电脑?

答:在"关闭计算机"对话框中单击"重新启动"按钮,即可重启电脑。

1.6 设置电脑状态

除了启动和关闭电脑,还可以设置其他状态,如切换账户、注销、待机和休眠等。

1.6.1 切换用户账户

新手巧上路

问:切换账户对原账户有什么影响?

答:切换账户对原账户没有影响,它只是单纯的切换操作,就像切换窗口一样。原账户中正在运行的程序不会关闭,软件也不会因此而退出。

当电脑中同时存在两个及以上的用户账户时,如果想不中止当前用户所运行的程序,甚至不必关闭已打开的文件,而进入其他用户,此时可以通过切换用户操作实现。

第1步 单击"注销"按钮 ❶ 单击 Windows XP 桌面左下角的"开始"按钮。❷ 在弹出的菜单中单击"注销"按钮。

第2步 单击"切换用户"按钮 弹出"注销 Windows"对话框,单击"切换用户"按钮。

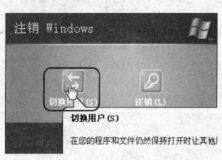

第3步 更改登录用户 ❶ 进入重新登录界面，选择登录用户。❷ 输入密码，单击 → 按钮进行登录。

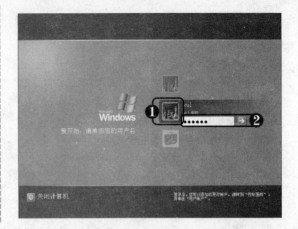

高手点拨

当计算机"死机"时，还可以通过按主机箱上的 Reset 按钮来重新启动计算机。

1.6.2 注销系统

注销是指向系统发出清除现在登录的用户的请求，它不能代替重新启动，可以用来清空当前用户缓存空间和注册表信息。它与切换用户的主要区别在于："切换用户"可以不中止当前用户所运行的程序，而"注销用户"则必须中止当前用户的一切工作。

第1步 单击"注销"按钮 在弹出的"注销 Windows"对话框中单击"注销"按钮。

第2步 重新登录用户 出现重新登录界面，输入密码进行登录。

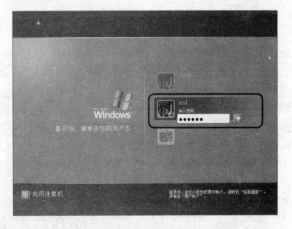

高手点拨

如果只是暂时的让其他用户登录系统，不建议用户选择注销操作。

1.6.3 设置待机状态

待机是指系统将当前状态保存于内存中，然后退出系统，此时电源消耗降低，维持 CPU、内存和硬盘最低限度的运行；一旦移动鼠标、敲击键盘或者按计算机上的电源就可以激活系统，并且以待机前状态进入系统。这是重新开机最快的方式，但是系统并未真正关闭，它适用于短暂关机。

第1步 单击"关闭计算机"按钮 ❶ 单击 Windows XP 桌面左下角的"开始"按钮。❷ 在弹出的菜单中单击"关闭计算机"按钮。

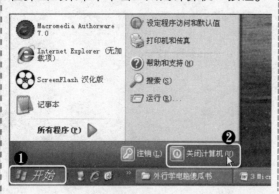

第2步 单击"待机"按钮 弹出"关闭计算机"对话框，单击"待机"按钮。进入待机模式，当需要重新启动时，只需敲击任意键，或移动鼠标即可。

1.6.4 设置休眠

在将电脑设置为休眠时，可以将当前处于运行状态的数据保存到硬盘上，也可以使电脑处于低能耗状态。在将电脑设置为休眠模式时，用户可以关掉计算机，并且在重新工作时所有工作（包括没来得及保存或关闭的程序和文档）都会完全精确地还原到离开时的状态。

第1步 单击"关闭计算机"按钮 ❶ 单击 Windows XP 桌面左下角的"开始"按钮。❷ 在弹出的菜单中单击"关闭计算机"按钮。

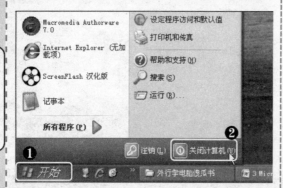

第3步 进入休眠状态 电脑的电源自动被切断，电脑自动关机。

第4步 唤醒休眠 用户若想将处于休眠状态的电脑从休眠状态中唤醒，需要重新启动电脑，按下主机电源启动电脑并再次登录即可。

第2步 单击"休眠"按钮 ❶ 弹出"关闭计算机"对话框，按住【Shift】键，此时"待机"按钮将变成"休眠"按钮。 ❷ 单击"休眠"按钮。

第2章

Windows XP 的基本操作

章前导读

经过了第一章的学习，大家应该对电脑有了一个初步的认识。这一章我们将进一步学习关于 Windows XP 系统的基本操作。主要包括图标、桌面、窗口、任务栏、控制面板、用户账户的基础操作。

- ✔ 桌面图标
- ✔ 自定义桌面
- ✔ 窗口的操作
- ✔ 任务栏的设置
- ✔ 控制面板的使用
- ✔ 用户账户管理

目前最流行的 Windows 操作系统有哪些？大部分用户都使用什么系统呢？很想快点学习使用 Windows 操作系统啊！

Windows 是微软公司推出的视窗电脑操作系统。随着电脑硬件和软件系统的不断升级，Windows 操作系统也在不断升级，依次经历了 Windows 1.0、Windows 95、NT、97、98、Me、2000、XP、Vista、Windows 7 等阶段。

小神通说得不错，目前比较主流的操作系统是 Windows XP 和 Windows Vista，对于初学者来说，我们建议首先学习使用 Windows XP 操作系统，下面就快跟我来学习吧！

2.1 桌面图标

进入 Windows XP 操作系统后，首先映入眼帘的就是系统的桌面，桌面上排列着若干图标，双击图标可以打开相应的程序或文档。下面将介绍有关桌面图标的一些操作。

2.1.1 排列图标

当在系统中安装了许多应用程序后，桌面上的图标会越来越多，显得非常杂乱，这时可以为图标设置排序方式，使图标排列得更加整齐，方便查找。

提示您

图标的排列方式有按名称、大小、修改时间排列等方式，用户可根据自己需要选择适合自己的排列方式。

第1步 设置排序方式 ❶ 在桌面空白处右击。 ❷ 在弹出的快捷菜单中选择"排序方式"命令。 ❸ 在弹出的子菜单中选择排序方式，本例中选择"名称"命令。

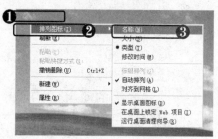

第2步 查看效果 按照上面方式排序后，可以看到此时的桌面图标以"名称"的方式进行排序。

2.1.2 更改桌面图标

在桌面上的图标中有一部分是系统默认的图标样式，如"我的电脑"、"回收站"等，但这些图标样式并不是不可更改的，下面介绍一下如何更改桌面图标。

多学点

桌面图标只是指向相应程序的快捷方式，并不是程序本身，双击图标即可快速启动程序。

第1步 打开"显示 属性"对话框 ❶ 在桌面空白处右击。❷ 在弹出的快捷菜单中选择"属性"命令。

第2步 打开"桌面项目"对话框 ❶ 打开"显示属性"对话框，单击"桌面"选项卡。

❷ 在对话框中单击"自定义桌面"按钮。

第3步 选择要更改的图标 ❶ 打开"桌面项目"对话框，选择要更改的图标，如"我的电脑"图标。❷ 单击"更改图标"按钮。

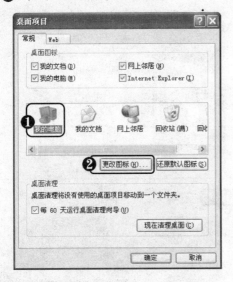

第4步 选择新图标 ❶ 弹出"更改图标"对话框，在其列表中选择要更改为的新图标。❷ 单击"确定"按钮。

第5步 查看效果 通过以上步骤，即可看到"我的电脑"的图标样式已经更改。

2.1.3 创建桌面快捷方式

在桌面上创建快捷方式，是指在桌面上为存储在其他位置的程序、文件或文件夹建立一个访问链接，双击桌面快捷方式即可打开程序或文件。

方法一：

第1步 选择"快捷方式"命令 ❶ 在桌面空白处右击。❷ 在弹出的快捷菜单中选择"新建"|"快捷方式"命令。

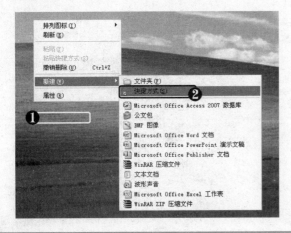

第2步 单击"浏览"按钮 弹出"创建快捷方式"对话框，在其中单击"浏览"按钮。

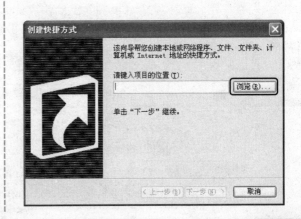

第3步 选择要创建快捷方式的项目 **❶** 在弹出的"浏览文件夹"对话框中选中要创建快捷方式的项目。**❷** 单击"确定"按钮。

第5步 设置快捷方式的名称 弹出"选择程序标题"对话框，在其中右侧的文本框中输入快捷方式的名称。

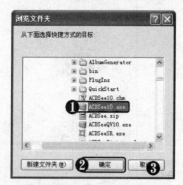

第4步 单击"下一步"按钮 返回"创建快捷方式"对话框，单击"下一步"按钮。

第6步 查看效果 单击"完成"按钮。

经过了上面的操作，可以看到在桌面上已经创建了一个 ACDSee 10 的快捷方式，此后双击它即可快速启动 ACDSee 10 程序。

方法二：

第1步 发送桌面快捷方式 **❶** 单击"开始"按钮。**❷** 选择"所有程序"选项。**❸** 在弹出的级联菜单中找到要创建快捷方式的程序，在程序名称上右击。**❹** 在弹出的快捷菜单中选择"发送到"|"桌面快捷方式"命令。

第2步 查看效果 此时可以看到桌面上已经出现该程序的快捷方式。

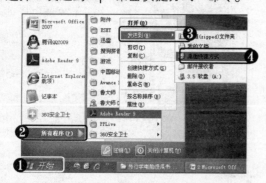

2.1.4 删除图标

当桌面图标太多时，桌面看起来就会非常凌乱。为了保持桌面的整洁，可以删除一些不需要或者不常用的图标。

第1步 选择"删除"命令 ❶ 在需要删除的图标上右击。❷ 在弹出的快捷菜单中选择"删除"命令。

第2步 确认删除 弹出"确认快捷方式删除"对话框，单击"删除快捷方式"按钮，即可删除。

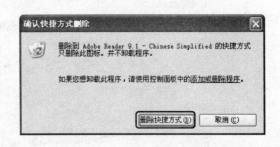

2.2 自定义桌面

进入 Windows XP 操作系统后，屏幕上首先显示出的就是系统的桌面。桌面是所有操作的背景平台，掌握桌面的组成及其基本操作，将为读者在今后的学习中提供很大的帮助。

2.2.1 认识 Windows XP 桌面

Windows XP 系统的桌面主要是由桌面背景、桌面图标、任务栏 3 部分组成，右图所示为 Windows XP 的桌面。

高手点拨

Windows XP 操作系统安装完成后，桌面上只显示一个回收站图标，其他的图标可另行添加。

2.2.2 设置桌面主题

桌面主题是 Windows 系统的视觉外观，它可以包含风格、壁纸、屏保、鼠标指针、系统声音事件、图标等。设置桌面主题可以使桌面风格更加个性化。

第1步 打开"显示 属性"对话框 ❶ 在桌面的空白处右击。❷ 在弹出的快捷菜单中选择"属性"命令。

第2步 选择主题风格 ❶ 弹出"显示属性"对话框，在"主题"选项卡下单击"主题"下拉列表框右侧的下拉按钮。❷ 在弹出的下拉列表中选择"Windows 经典"选项。❸ 单击"确定"按钮。

高手点拨

单击"显示 属性"对话框中的"另存为"按钮，可以将主题永久保存在电脑中。

第3步 查看效果 经过以上步骤可看到桌面主题已经更改，此时打开的窗口风格也已经改变。

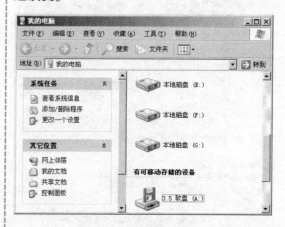

高手点拨

用户在对桌面主题进行设置后，也可以在"外观"选项卡下再对具体主题细节进行设置，例如色彩方案、字体大小等。

2.2.3 更换桌面背景

系统默认的桌面背景很单调，用户可以将桌面设置成自己喜爱的图片，下面将介绍如何更换桌面背景。

1．使用系统自带图片

第1步 选择更换图片 ❶ 打开"系统 属性"对话框，选择"桌面"选项卡。❷ 在"背景"列表框中选择要更换的背景图片。❸ 单击"位置"下拉按钮，在弹出的下拉列表中选择图片显示方式。❹ 单击"确定"按钮。

第2步 查看效果 经过上述步骤的操作，返回桌面，即可看到桌面背景已经更改。

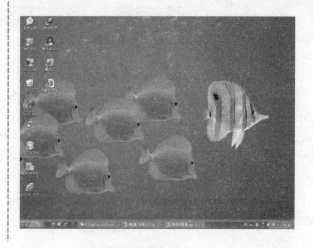

2. 使用电脑自带图片

第1步 单击"浏览"按钮 在"显示属性"对话框中的"桌面"选项卡下单击"浏览"按钮。

第3步 单击"确定"按钮 此时在"显示属性"对话框中可以预览到桌面效果，单击"确定"按钮。

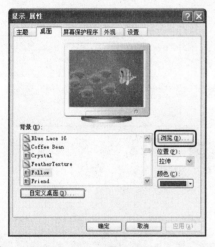

第2步 选择图片文件 ❶ 弹出"浏览"对话框，选择要设置的图片文件 ❷ 单击"打开"按钮。

第4步 查看效果 返回桌面，即可看到桌面图片已经更改。

2.2.4 设置屏幕保护程序

用户在较长时间不使用电脑时，最好设置屏幕保护程序，这样不仅可以省电，还可以保护显示器。

第1步 选择屏幕保护程序 ❶ 在"显示 属性"对话框中选择"屏幕保护程序"选项卡。❷ 在"屏幕保护程序"下拉列表框中选择喜欢的屏幕保护程序，如"三维花盒"选项。

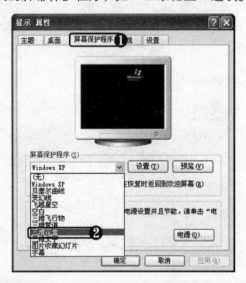

第3步 设置屏幕保护程序 ❶ 弹出"三维花盒设置"对话框，在其中进行屏幕保护程序的具体设置。❷ 单击"确定"按钮。

第2步 单击"设置"按钮 ❶ 此时可以在对话框中预览到该屏幕保护程序的效果，在"等待"数值框中设置等待时间。❷ 单击"设置"按钮。

第4步 应用设置 返回"显示属性"对话框，在其中单击"应用"按钮。

第5步 **查看效果** 当到达设定时间没有操作电脑时，屏幕即会出现屏幕保护程序。

除了可以更改桌面壁纸、桌面主题以外，用户还可以更改显示外观，让自己的电脑更加个性化。

第1步 **选择窗口和按钮样式以及色彩方案** ❶ 在"显示属性"对话框中选择"外观"选项卡。❷ 单击"窗口和按钮"下拉按钮，在弹出的下拉列表中选择"Windows 经典样式"选项。❸ 单击"色彩方案"下拉按钮，在弹出的下拉列表中选择"淡紫色"选项。❹ 设置完毕后单击"应用"按钮。

第2步 **查看显示效果** 关闭对话框，打开"我的电脑"窗口，可以看到此时系统的显示外观已改变。

高手点拨

在设置完显示外观后，如果用户重新设置新的主题，那么在用户原来对外观的设置将被修改为新主题默认的外观样式。

2.3 窗口的操作

Windows 操作系统以窗口的形式进行各项操作，因此窗口的操作是 Windows 系统的基本操作之一。下面我们就来认识并了解一下窗口的操作。

2.3.1 认识窗口

在学习窗口操作之前首先来认识一下窗口的组成部分。通过双击桌面图标或在"开始"菜单中选择某个命令都可以打开相应的窗口。下面我们以"本地磁盘（D：）为例"来介绍窗口的组成，如下图所示。

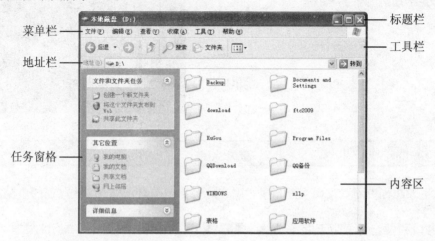

窗口由标题栏、菜单栏、工具栏、地址栏、任务窗格、内容区域 6 部分组成。

1．标题栏

标题栏位于整个窗口界面的最上方，在标题栏中显示了窗口的名称。在该栏的右侧有 3 个按钮，分别是窗口的"最小化"按钮、"最大化"按钮和"关闭窗口"按钮。

2．菜单栏

菜单栏位于标题栏的下方，用于执行窗口中所有的操作命令，单击相应的菜单项即可弹出相应的下拉菜单，如右图所示，单击"查看"菜单。

3．工具栏

工具栏中包括了一些常用的工具，用户可以通过单击工具栏中的工具按钮进行快速操作。例如单击 和 按钮，即可快速切换到某一打开的窗口，单击 按钮可以返回上一级文件夹等。

4．地址栏

在地址栏中可以实现各个盘符和文件夹之间的快速切换，单击地址栏右侧的 按钮，在弹出的下拉列表中选择某个磁盘或文件夹，即可切换到该磁盘或文件夹的窗口。

5．任务窗格

任务窗格位于窗口的左侧，通过任务窗格可以对当前窗口的对象执行任务，单击某选项的超链接，即可快速执行某操作或跳转到其他位置。

6．内容区

内容区是窗口中间最大的区域，用于显示当前窗口中包含的对象或内容。用户在该区中可以对文件或文件夹等进行相关处理。

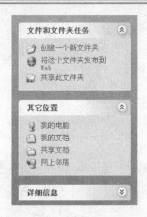

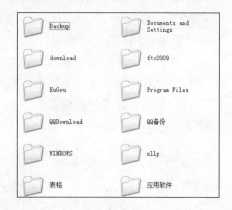

2.3.2 打开和关闭窗口

在认识了窗口的组成部分后，我们首先来学习如何打开和关闭窗口。

第1步 选择窗口 双击桌面的"我的文档"图标。

第2步 打开窗口 此时即可打开"我的文档"窗口。

第3步 关闭窗口 在窗口中选择"文件"|"关闭"命令，或者直接单击窗口右上方的"关闭窗口"按钮，即可关闭窗口。

高手点拨

利用键盘上的快捷键可以快速的进行一些操作，按【Alt+F4】组合键即可快速关闭窗口，使用此快捷键的前提是窗口必须处于激活状态下。

2.3.3 移动窗口

在同时打开多个窗口时，可能某窗口会挡住之前打开的窗口，这时需要对窗口进行移动，移动窗口是通过拖动窗口标题栏来完成的。

第1步 拖动窗口 当同时打开"我的电脑"和"我的文档"两个窗口时,"我的文档"窗口挡住了"我的电脑"窗口,此时若想同时查看两个窗口的内容,则将鼠标指针移动到"我的文档"窗口的标题栏上,按住鼠标左键进行拖动。

第2步 移动窗口到目标位置 移动窗口到目标位置,释放鼠标,此时即可同时看到两个窗口中的内容。

电脑小专家

问: 怎样一次快速关闭多个窗口呢?

答: 按住【Ctrl】键依次单击任务栏中需要关闭的窗口按钮,然后在其上右击,在弹出的快捷菜单中选择"关闭组"命令即可。

2.3.4 改变窗口大小

窗口的大小是可以改变的,大窗口可以显示更多的内容。改变窗口大小可以有两种途径:其一是将鼠标指针移动到窗口边框或四角处拖动鼠标,其二是单击标题栏右侧的"最大化"按钮和"最小化"按钮。

下面我们将分别对这两种方法进行详细地介绍。

1. 鼠标拖动改变窗口大小

新手巧上路

问: 怎样可以快速切换窗口呢?

答: 使用【Alt+Table】组合键可以在多个窗口之间快速切换。

第1步 将鼠标移动到窗口的右下角 打开"我的电脑"窗口,将鼠标指针移动到窗口的右下角,此时鼠标指针变成↖形状。

第2步 拖动窗口 按住鼠标左键,向右下方拖动至所需大小,此时窗口边缘出现了虚框线,显示出将变成的窗口大小。

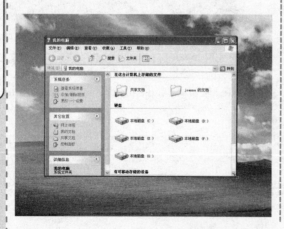

第3步 释放鼠标 拖动窗口到合适大小后释放鼠标，此时可以看到窗口大小已经发生了改变。

当前窗口与非当前窗口的区别在于标题栏的颜色不同，其中当前窗口标题栏显示的颜色呈深蓝色，而非当前窗口标题栏显示的颜色呈浅蓝色。

2. 最小化、最大化和还原窗口

通过单击窗口标题栏右侧的 ▭、▭ 和 ▭ 按钮也可以改变窗口的大小。它们分别可将窗口"最小化"、"最大化"和"还原"，其中将窗口"最小化"可以将窗口隐藏到任务栏中，然后通过单击任务栏中该窗口的任务按钮又可以打开该窗口；将窗口"最大化"可以把窗口变得和桌面同样大；单击"还原"按钮可以将窗口还原到刚打开时的大小。

2.3.5 切换窗口

当用户同时运行多个程序时，会打开多个程序窗口。用户可以对这些窗口进行切换以便于查看。下面将介绍两种切换窗口的方法。

方法一： 打开的窗口在任务栏中都有一个与之相对应的任务按钮，若要切换不同的窗口，只要在任务栏中通过单击相应的图标即可。

方法二： 在按住【Alt】键的同时按住【Tab】键，将出现如下图所示的信息框。多次按【Tab】键，将切换到相应的窗口，然后释放【Alt】键即可打开该窗口。

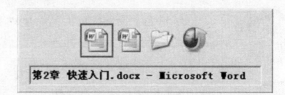

2.3.6 排列窗口

在同时打开多个窗口时，若想同时查看多个窗口，除了上面介绍的移动窗口位置，还可以进行排列窗口的操作。窗口的排列方式主要有层叠、横向平铺、纵向平铺等。其具体操作方法是：

方法是：在任务栏的空白处右击，在弹出的快捷菜单中选择窗口的排列方式，窗口将按 3 种方式排列。

层叠窗口

横向平铺窗口

纵向平铺窗口

多学点

只有处于还原或最大化状态的窗口才能参与排列操作。

2.4 任务栏的设置

桌面底部的长条部分称为任务栏，在任务栏中可以显示打开的各个应用程序和窗口，用户还可以对任务栏进行设置，例如设置通知区域图标、显示与隐藏快速启动区以及显示和隐藏任务栏等。

2.4.1 调整任务栏的高度和位置

在默认状态下任务栏位于 Windows 桌面的最下方，在任务栏未锁定的状态下，用户可以用鼠标拖动改变任务栏的高度，还可以将任务栏放置在桌面的上、下、左、右 4 个方向。

第1步 将鼠标移动到任务栏的空白处　将鼠标指针移动到任务栏的空白处。

提示您

当层叠窗口时，在任务栏上右击，在弹出的快捷菜单中选择"撤销层叠"命令，即可撤销层叠。撤销其他排列方式与此相似。

高手点拨

默认的任务栏的设置符合人们日常使用习惯，一般情况下，尽量不要随意更改任务栏的高度和位置，以免影响他人的使用。

第2步 **改变任务栏的位置** 按住鼠标左键拖动任务栏到桌面的上方，释放鼠标，此时可以看到任务栏已被调整到桌面上方。用相同的方法还可以将任务栏调整到桌面的左侧或右侧。

第4步 **任务栏变宽** 释放鼠标，此时即可看到任务栏的宽度已经改变。

第3步 **改变任务栏的宽度** 将鼠标指针放于任务栏的边缘处，当指针变为↕形状后，按住鼠标左键拖动至所需宽度。

2.4.2 隐藏任务栏

在实际操作中如果不想显示任务栏，则可以将任务栏隐藏，下面将介绍如何隐藏任务栏。

第1步 **选择"属性"命令** 在任务栏的空白处右击，在弹出的快捷菜单中选择"属性"命令。

选框。❷ 单击"确定"按钮。

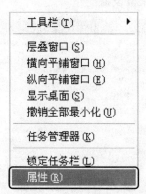

第2步 **隐藏任务栏** ❶ 弹出"任务栏和「开始」菜单属性"对话框，选中"自动隐藏任务栏"复

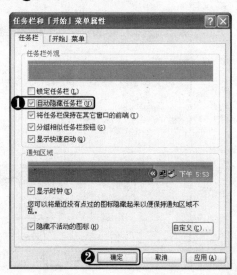

2.4.3 锁定任务栏

在日常使用电脑时，我们经常会一不小心将任务栏拖动到屏幕的左侧或右侧，有时还会将任务栏的宽度拉伸并十分难以调整到原来的状态，为了避免这种情况，我们可以使用"锁定任务栏"功能，将任务栏锁定。具体操作步骤如下：

❶ 在"任务栏和「开始」菜单属性"对话框中选中"锁定任务栏"复选框。❷ 单击"确定"按钮。

提示您

单击任务栏中的快速启动区域右侧的扩展按钮 >> ，即可显示出更多隐藏的按钮。

高手点拨

要想解除锁定任务栏，只需取消选择"锁定任务栏"复选框即可。

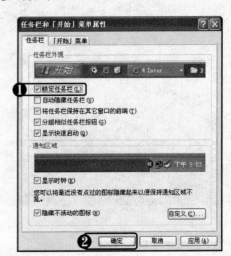

2.4.4 自定义通知区域

若想隐藏任务栏通知区域中的某图标，可以进行自定义通知区域的设置，下面以隐藏"Windows 安全警报"图标为例，详细介绍隐藏自定义通知区域图标的方法。

第1步 单击"自定义"按钮 ❶ 在"任务栏和「开始」菜单属性"对话框中，选中"隐藏不活动的图标"复选框。❷ 单击"自定义"按钮。

第2步 隐藏项目 ❶ 弹出"自定义通知"对话框，单击"Windows 安全警报"选项右侧的下拉按钮❷ 在弹出的下拉列表框中选择"总是隐藏"选项。❸ 依次单击"确定"按钮，完成设置。

多学点

用鼠标将快速启动栏中的图标拖动到桌面位置后释放鼠标，即可快速在桌面上创建快捷方式。

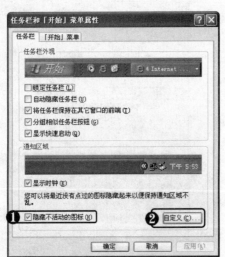

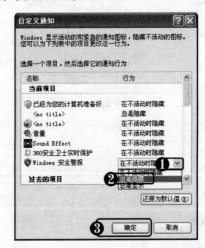

第3步 查看效果 经过上一步的设置以后，此时即可看到在任务栏的通知区域中该项目已经被隐藏。

2.5 控制面板的使用

控制面板可通过"开始"菜单访问，它允许用户查看并操作基本的系统设置和控制，比如添加硬件，添加/删除软件，控制用户账户，更改辅助功能选项等。下面我们来介绍一下控制面板的基本使用。

2.5.1 删除应用程序

系统中安装了多个应用程序之后会占用很大的空间，对于不再使用的程序要及时删除，以达到节省空间的目的。删除程序可以通过控制面板中的"添加或删除程序"选项进行操作。

第1步 打开控制面板 ❶ 单击"开始"按钮。❷ 在弹出的快捷菜单中选择"控制面板"选项。

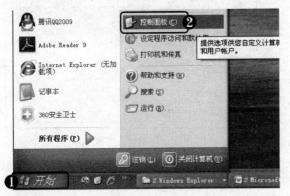

第2步 打开"添加或删除程序"对话框 打开"控制面板"窗口，双击"添加或删除程序"图标。

第3步 选择要删除的程序 ❶ 打开"添加或删除程序"对话框，在其中选中要删除的程序，如"Fetion 2008"。❷ 单击"更改/删除"按钮。

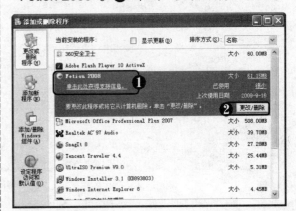

第4步 单击"下一步"按钮 弹出"Fetion 2008 解除安装"对话框，在其中单击"下一步"按钮。

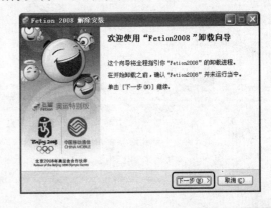

第5步 单击"卸载"按钮 "选定卸载位置"界面，显示出卸载文件所在的文件夹，确认无误后，单击"卸载"按钮。

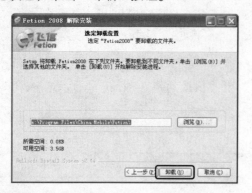

第6步 开始卸载 进入"正在卸载"界面，并显示卸载进度。

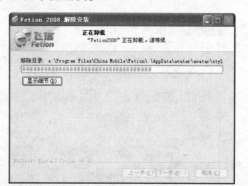

第7步 卸载完成 卸载完成后单击"完成"按钮。

第8步 查看效果 此时返回"添加或删除程序"对话框，可以看到"当前安装的程序"列表中刚才要被卸载的程序已经不存在了。

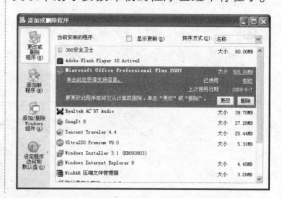

电脑小专家

问：怎样查看控制面板的分类视图呢？

答：单击窗口左侧的"切换到分类视图"超链接，即可切换到分类视图模式。

新手巧上路

问：还有其他可以删除程序的方法吗？

答：用户还可以通过"开始"菜单找到程序自带的卸载程序进行删除。

 高手点拨

使用 Windows 优化大师、超级兔子等工具也可以卸载应用程序。

2.5.2 设置系统属性

第1步 打开"系统属性"对话框 打开"控制面板"窗口，双击"系统"图标。

 **高手点拨**

在桌面上右击"我的电脑"图标，在弹出的快捷菜单中选择"属性"命令，即可快速打开"系统属性"对话框。

第2步 查看电脑常规信息 打开"系统属性"对话框，在"常规"选项卡下可查看当前安装的操作系统、CPU 以及内存容量等信息。

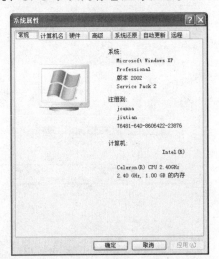

第3步 单击"更改"按钮。 ❶ 切换到"计算机名"选项卡。❷ 单击"更改"按钮。

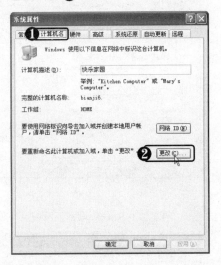

第4步 更改计算机名 ❶ 弹出"计算机名更改"对话框，在"计算机名"文本框中输入要更改的计算机名称。❷ 单击"确定"按钮。

第5步 确认更改 弹出"计算机名更改"提示信息框，单击"确定"按钮。

第6步 重启计算机 返回"系统属性"对话框，单击"确定"按钮，弹出提示信息框。在其中单击"是"按钮，重新启动计算机即可。

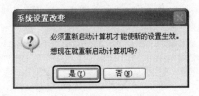

2.5.3 设置鼠标属性

　　鼠标是用户日常使用电脑时最常用的设备之一，在 Windows XP 操作系统中用户可以设置鼠标指针的双击速度、切换主要和次要按钮，改变鼠标指针的方案等，从而提高操作系统的使用效率。

1. 切换主要和次要按钮

第1步 打开"鼠标 属性"对话框 打开"控制面板"窗口，双击"鼠标"图标。

第2步 切换主要和次要按钮 ❶ 在"鼠标键"选项卡下的"鼠标键配置"区域，选中"切换主要和次要的按钮"复选框。❷ 单击"确定"按钮使设置生效。此操作适合喜欢使用左手的人使用。

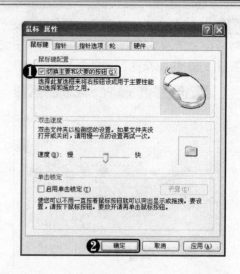

2．调节双击速度

❶ 用鼠标拖动"双击速度"区域下的"速度"滑块，调节双击速度。❷ 单击"确定"按钮。

高手点拨

　　若在屏幕上找不到光标时，可检查一下鼠标接口是否确实插在主机箱后面的鼠标插孔中，鼠标插孔与键盘插孔紧挨在一起，区别在于鼠标插孔的颜色为绿色。

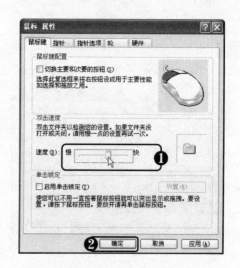

3．改变鼠标指针形状

第1步 单击"浏览"按钮 ❶在"鼠标 属性"对话框中切换到"指针"选项卡。❷ 选择"自定义"列表框中的"正常选择"选项。❸ 单击列表框下方的"浏览"按钮。

高手点拨

　　除了使用系统自带的指针方案，用户也可以下载一些自己喜欢的鼠标指针形状。

第2步 选择鼠标样式 ❶ 打开"浏览"对话框，可以看到文件夹中显示出了若干鼠标形状，选择喜爱的鼠标样式。❷ 单击"打开"按钮。

第3步 查看效果 ❶ 返回"鼠标属性"对话框，可以看到此时鼠标样式已经改变。❷ 单击"确定"按钮，使设置生效。

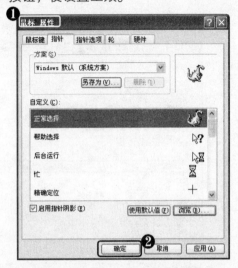

2.5.4 日期和时间的设置

电脑系统的时间是由厂家设置的，用户也可以根据自己的需要进行设置和更改，日期和时间可以通过控制面板进行设置。

第1步 打开"日期和时间 属性"对话框 日期和时间要在"日期和时间 属性"对话框中设置，打开该对话框有两种方法。

方法一：
在桌面任务栏右侧显示的时间上双击。

方法二：在"控制面板"中双击"日期和时间"图标。

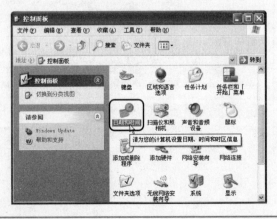

第2步 设置当前日期 ❶ 打开"日期和时间属性"对话框，默认显示"时间和日期"选项卡。❷ 在"日期"选项区域中的月份下拉列表框中设置月份，如"十月"。❸ 在其右侧的数值框中设置年份，在"时间"选项区中设置时间。

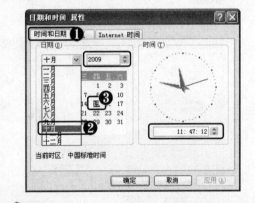

 **高手点拨**

在设置时间和年份时，也可以在相应的文本框中直接输入，这样可以更快的设置时间和年份。

第3步 设置用户所在时区　选择"时区"选项卡，在其下拉列表中设置用户所在的时区。

第4步 ① 选择"Internet 时间"选项卡。② 选中"自动与 Internet 时间服务器同步"复选框。③ 单击"确定"按钮，使上述设置生效。

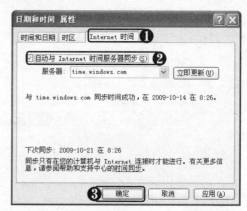

2.6　用户账户管理

当多人有可能使用同一台电脑时，为防止他人随意查或修改看自己的私人资料，此时可设置不同的用户账户，用来保证用户信息的安全。

2.6.1　创建新账户

设置用户账户首先要创建一个新账户，拥有属于自己的账户后才可以进行其他操作。

第1步 打开"用户账户"窗口　在"控制面板"窗口中双击"用户账户"图标。

第2步 创建一个新账户　打开"用户账户"窗口，单击"创建一个新账户"超链接。

第3步 为新账户起名　① 进入"为新账户起名"界面，在文本框中输入账户名称。② 单击"下一步"按钮。

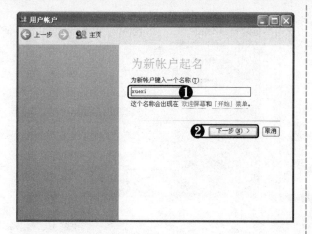

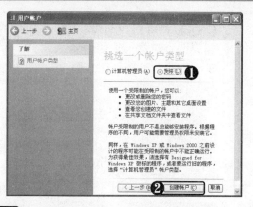

第5步 创建账户成功　创建完毕后返回"用户账户"窗口，可以看到新创建的账户已经显示在账户区域中。

高手点拨

为账户设置密码会使该账户的安全性更高。

第4步 挑选账户类型　❶ 进入"挑选账户类型"界面，选择一个账户类型，如选择"受限"单选按钮。❷ 单击"创建账户"按钮。

2.6.2　更改用户权限

　　账户权限是可以更改的，电脑系统提供了两种账户类型：一种是"计算机管理员"类型，一种是"受限"类型。"计算机管理员"类型的账户可以存取所有的文件、安装程序、改变系统设置、添加与删除账户，而"受限"类型的账户只能进行一般的电脑操作。

第1步 选择更改的用户账户　在"用户账户"窗口中单击要进行权限修改的账户图标超链接。

第2步 单击"更改账户类型"超链接　进入更改账户的界面，单击"更改账户类型"超链接。

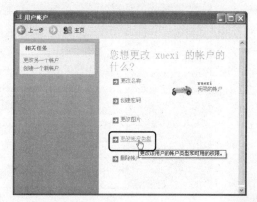

第3步 更改账户类型 ❶ 进入挑选账户类型界面，选择一个账户类型，如选择"计算机管理员"单选按钮。❷ 单击"更改账户类型"按钮。

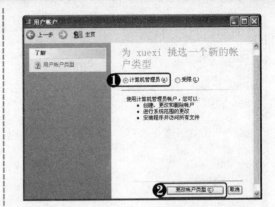

高手点拨

为了防止他人损坏自己电脑中的文件，最好更改他人账户的类型，限制其使用权限。

提示您

不同的账户类型具有不同的管理权限，其中"计算机管理员"账户拥有最高权限。

2.6.3 更改用户图片

用户账户创建后的图片是系统默认的，如果不喜欢，可以按照自己的喜好改成其他图片。下面我们来介绍更改用户图片的方法。

第1步 单击"更改图片"超链接 要修改的用户账户窗口，单击"更改图片"超链接。

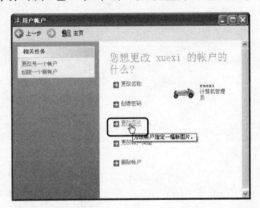

高手点拨

不同用户的账户最好设置不同的图片，以便区分。

第3步 查看效果 返回"用户账户"窗口，可以看到此时的账户图片已经更改。

多学点

若需要更改账户名称，只需进入账户，单击"更改名称"超链接，在新窗口中输入新名称即可。

第2步 挑选新图像 ❶ 进入挑选新图像界面，在图像列表框中选择一个喜欢的图片。❷ 单击"更改图片"按钮。

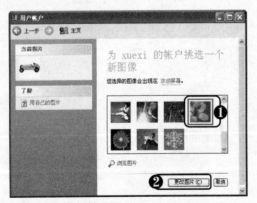

高手点拨

设置的账户图片将会在"开始"菜单等地方显示，如果用户设置了登录密码，则在进入欢迎界面时同样可以看到设置的账户图片。

2.6.4 创建密码

新设置的账户是没有密码的，这样不仅可以让其他人轻而易举的进入我们的系统，还有可能为黑客攻击造成可乘之机，因此为了安全起见，用户最好要为自己的账户设置密码以保证账户的安全。

第1步 单击"创建密码"超链接 在"用户账户"窗口中单击"创建密码"超链接。

以确认。❸ 输入一个单词或短语作为密码提示，如输入数字。❹ 单击"创建密码"按钮。

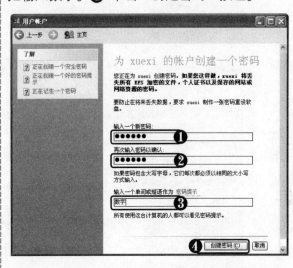

第2步 创建密码 ❶ 进入创建密码界面，在文本框中输入需要创建的密码。❷ 再次输入密码

2.6.5 删除账户

对于不再使用的账户，用户可以将其删除，这样更有利于账户的管理，删除账户的具体操作步骤如下：

第1步 选择需要删除的账户 在"用户账户"窗口中选择需要删除的账户。

第2步 单击"删除账户"超链接 在打开的窗口中单击"删除账户"超链接。

第3步 单击"删除文件"按钮 在打开的窗口中提示用户是否保留灰太狼的文件，单击"删除文件"按钮。

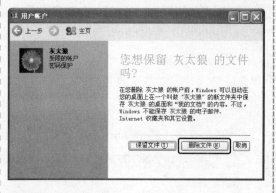

第4步 单击"删除账户"按钮　进入删除账户界面，单击"删除账户"按钮。

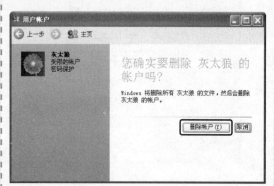

第5步 完成删除　此时即可将名为灰太狼的账户成功删除。

● 学习笔录

第3章

文件管理有妙招

章前导读

电脑中的所有数据都是以文件和文件夹的形式保存的，对于普通用户来说管理文件并不是一件轻松的事。这就要求用户熟练掌握文件和文件夹的基本知识和操作技巧。本章我们就来学习文件管理的内容。

✔ 认识文件和文件夹
✔ 查看文件或文件夹
✔ 文件和文件夹的基本管理
✔ 文件和文件夹的高级管理

小神通，我家电脑里的文件太多太乱了，因为这个问题，妈妈总是责备我，你能帮我整理一下文件吗？

这个好办，不过我帮你整理不如你自己学会整理方法，这样吧，和我一起去找博士吧，他不仅会教你如何整理文件，还会向你讲解文件和文件夹的知识。

文件和文件夹的管理并不难，整理文件是计算机的基础操作之一。下面我将带你学习和认识文件和文件夹，并教你如何管理它们，今后你就不用再为这个问题烦恼了。

3.1 认识文件和文件夹

在教大家管理好文件与文件夹之前，我们首先来认识一下文件和文件夹。

3.1.1 认识文件

文件是以单个名称在计算机上存储的信息集合。文件中的信息可以是文档、图片、声音等，也可以是一个程序。文件是由文件名和图标组成，一种类型的文件具有相同的图标，文件名不能超过 255 个字符。文件名一般由"主文件名"和"扩展名"两部分组成，书写时中间用"."隔开。例如"外行学电脑.docx"，其中主文件名为"外行学电脑"，扩展名为"docx"。

文件的种类繁多，不同的文件，其扩展名也不同，图标也不同。并且，相同的文件在不同的显示方式下，文件的图标也是不同的。

常用文件的图标及其扩展名如下表所示。

> **提示您**
>
> 扩展名是位于文件名后面的，由一个分隔符分隔，扩展名表示了文件的类型。

图 标	扩展名	文件类型	图 标	扩展名	文件类型
	.docx	Word 2007 文件		.reg	注册表文件
	.xlsx	Excel 2007 文件		.exe	可执行的二进制代码文件
	.htm	网页文件		.mp3	音乐文件
	.jpg	图片文件		.bat	可执行的批处理文件
	.gif	图像交换格式		.rar	压缩文件
	.txt	文本文件	\	\	\

> **多学点**
>
> 若文件名中没有显示扩展名，此时选中该文件，按【Alt+Enter】组合键，或在其上右击，在弹出的快捷菜单中选择"属性"命令查看。

3.1.2 认识文件夹

文件夹是电脑用来保存和管理文件的一个重要工具，相当于文件分类存储的"抽屉"。文件夹由文件夹图标和文件夹名称组成。与文件类似，在不同的显示方式下，文件夹的图标也不同。

下面介绍几种文件和文件夹的显示方式:

1. 平铺显示方式

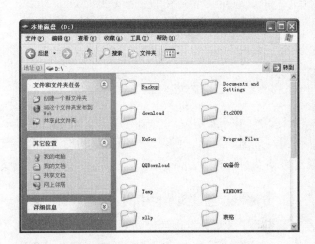

2. 缩略图显示方式

3. 图标显示方式

4. 列表显示方式

5. 详细信息显示方式

 高手点拨

　　文件夹类似于日常生活中的存储柜,文件相当于小物品,用户可以把同类"文件"归类到不同的文件夹,方便查找。同一文件夹中不能有名称相同的两个文件夹,文件夹名称没有扩展名。

3.2 查看文件或文件夹

查看文件和文件夹是用户管理和组织文件的基础，下面我们主要来介绍一下，如何查看文件和文件夹的属性，以及显示方式等操作。

3.2.1 查看文件和文件夹的显示方式

在 Windows XP 操作系统中，文件和文件夹有多种显示方式，用户可以根据自己的习惯和需要自行设置。常用的显示方式有缩略图、平铺、图标、列表、详细信息和幻灯片等。

查看文件和文件夹的显示方式可以通过以下两种方法：

方法一：通过右键的快捷菜单选择查看方式

❶ 在文件夹窗口的空白区域右击。❷ 在弹出的快捷菜单中选择"查看"命令。❸ 在"查看"子菜单中选择显示方式，其中带有"●"标记的为文件或文件夹的当前显示方式。

方法二：通过菜单栏中的"查看"菜单查看

❶ 单击工具栏中的"查看"按钮。❷ 在弹出的下拉菜单中选择显示方式。带有"●"标记的为文件或文件夹的当前显示方式。

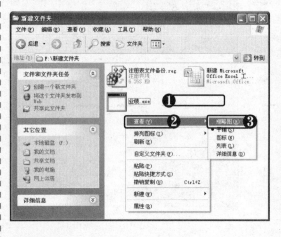

高手点拨

将鼠标指针移动到文件夹上时，在显示的信息中不仅可以查看它的大小，还可以查看在该文件夹中的子文件夹和文件名。

3.2.2 查看文件和文件夹的属性

查看文件和文件夹的属性也是管理文件和文件夹的一项重要操作，下面我们来介绍查看文件和文件夹属性的几种方法。

1. 查看文件

方法一：通过任务栏和任务窗格

在文件夹中选中某文件，即可通过任务栏和任务窗格看到该文件的类型、大小、修改日期等相关信息。

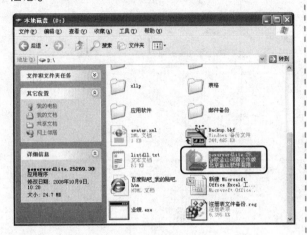

方法二：通过文件显示的方式

❶ 单击菜单栏中的"查看"按钮。❷ 在弹出的下拉菜单中选择"详细信息"选项。此时文件夹中的文件即将以"详细信息显示方式"进行显示。

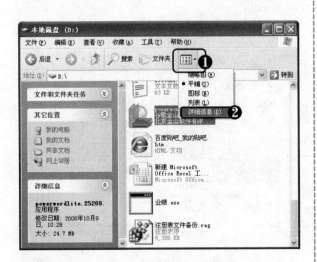

方法三：通过单击右键查看属性

第1步 右击鼠标 ❶ 选中文件，在其上右击。❷ 在弹出的快捷菜单中选择"属性"命令。

第2步 打开"属性"对话框 打开"属性"对话框，在该对话框中可查看所选文件的类型、大小、位置以及创建日期等相关信息。

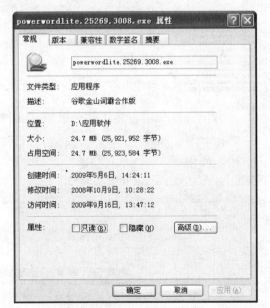

2．查看文件夹的属性

通过任务栏和任务窗格以及文件的显示方式可查看文件的类型、大小等一系列的相关信息，但对文件夹来说是不适用的。要想查看文件夹的属性，可在文件夹上右击，在弹出的快捷菜单中选择"属性"命令，打开属性查看相关信息。

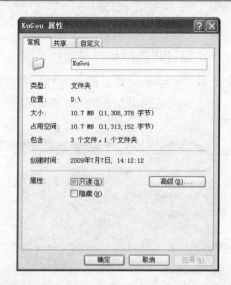

高手点拨

选中一个文件或文件夹后，选择"文件"｜"属性"命令，也可弹出"属性"对话框，如右图所示。

3.3 文件和文件夹的基本管理

在学会了如何查看文件和文件夹的属性后，下面我们就来学习关于文件或文件夹的一些基本操作。

3.3.1 新建文件或文件夹

新建文件或文件夹是文件管理的最基本的操作，下面将为读者介绍新建文件或文件夹的常用方法。

1．新建文件

新建文件常用的方法有以下两种：

方法一：利用右键快捷菜单新建文件

打开文件夹窗口，在空白区域右击。在弹出的快捷菜单中选择"新建"命令。在其子单中选择要创建的文件类型。

方法二：利用"文件"｜"新建"命令

❶ 单击菜单栏中的"文件"按钮。❷ 在弹出的下拉菜单中选择"新建"命令。❸ 在弹出的子菜单中选择要创建的文件类型。

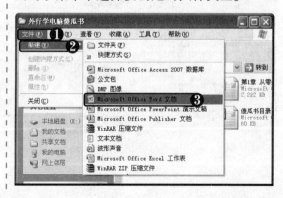

2. 新建文件夹

在 Windows XP 操作系统中，新建文件夹是很重要的一项操作。文件夹的创建方法和文件的创建方法类似，下面将为大家介绍 3 种常用的创建方法。

方法一：利用右键快捷菜单新建文件夹

在窗口的空白区右击。在弹出的快捷菜单中选择"新建"|"文件夹"命令。

方法三：通过"文件和文件夹任务"任务窗格

单击"文件和文件夹任务"任务窗格中的"创建一个新文件夹"超链接。

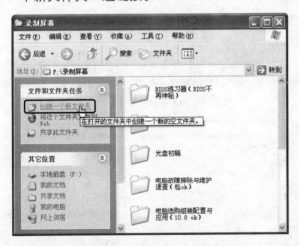

方法二：通过"文件"|"新建"选项

❶ 单击菜单栏中的"文件"按钮。❷ 在弹出的快捷菜单中选择"新建"|"文件夹"命令。

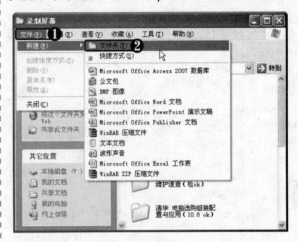

高手点拨

若新建了多个文件夹，系统会自动将其命名为"新建文件夹"、"新建文件夹（2）"……

3.3.2 选定文件或文件夹

在对文件或文件夹进行操作之前，首先要将文件或文件夹选中。下面我们就来学习如何选定文件或文件夹。

☑ 选择单个文件或文件夹

在所要选择的文件或文件夹上单击，此时文件或文件夹呈反白显示，即文件或文件夹处于选中状态，这时就可对其进行相关的操作了。

☑ 选择多个文件或文件夹

1．选择连续的文件或文件夹

方法一：按住【Shift】键选择

首先选中第一个文件或文件夹，然后按住【Shift】键不放，单击所要选择的最后一个文件或文件夹。

方法二：拖动鼠标左键选择

首先将鼠标定位在需要选择的第一个文件或文件夹前面并单击。按住鼠标左键不放，向右下方向拖动，直至最后一个需要选择的文件或文件夹处，然后释放鼠标。

2．选择不连续的文件或文件夹

选中第一个想要选择的文件或文件夹，然后按住【Ctrl】键不放，依次用鼠标单击所要选择的文件或文件夹。

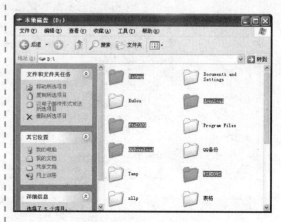

 高手点拨

按住【Ctrl】键的同时单击文件或文件夹，可以取消对它的选择。

 高手点拨

在操作系统中，"我的文档"只是一个表现形式，对应于磁盘分区中的特定文件夹。在 Windows XP 操作系统中，"我的文档"默认指向的文件夹路径是 C:\Documents and Settings\用户名\My Documents。这是"我的文档"与其他文件夹的不同之处。

3. 选择全部的文件或文件夹

方法一：通过"编辑"|"全部选定"命令

❶ 单击菜单栏中的"编辑"按钮。❷ 在弹出的下拉菜单中选择"全部选定"命令。

方法二：通过【Ctrl+A】组合键

在文件夹中按【Ctrl+A】组合键，也可以将所有的文件或文件夹全部选中。

3.3.3 复制、移动文件或文件夹

　　学会了如何选定文件或文件夹后，我们就可以对文件夹进行操作了。复制、移动文件或文件夹是指将文件或文件夹从一个位置移动到另一个位置，但它们之间也稍有不同。

1. 复制文件或文件夹

　　复制文件或文件夹就是把文件或文件夹移动到其他位置，而原来的文件或文件夹仍然存在。
　　复制文件或文件夹的方法如下：

方法一：利用右键快捷菜单

第1步 **复制文件或文件夹** ❶ 在文件夹上右击。❷ 在弹出的快捷菜单中选择"复制"命令。

第2步 **粘贴文件或文件夹** 切换到文件或文件夹将要移动到的文件夹窗口。在空白区域右击。从弹出的快捷菜单中选择"粘贴"命令。

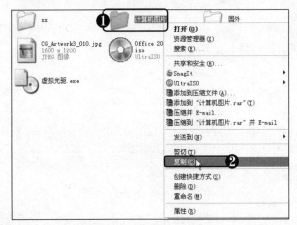 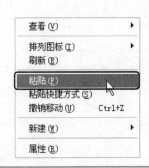

方法二：鼠标直接拖动

首先同时打开要复制的文件所在的文件夹和要复制到的目标文件夹。选中要复制的文件。按住鼠标左键不放，将文件拖动到目的文件夹窗口中后释放鼠标。

方法三：利用组合键

选中需要复制的文件或文件夹。按【Ctrl+C】组合键，将文件或文件夹复制。切换到要复制到的文件夹，按【Ctrl+V】组合键将其进行粘贴。

除上述常用方法以外，还可以通过"编辑"菜单中的"复制"、"粘贴"命令或"文件和文件夹任务"任务窗格中的"复制这个文件夹"超链接来完成复制操作。由于操作方法类似，这两项操作我们将在下面讲解移动文件或文件夹的内容这一节中为大家介绍。

高手点拨

在文件夹窗口中选择"工具"|"文件夹选项"命令，弹出"文件夹选项"对话框，切换到"查看"选项卡，在"高级设置"栏中取消选择"鼠标指向文件夹和桌面项时显示的提示信息"复选框，即可关闭鼠标指向文件或图标时出现的提示信息。

2．移动文件或文件夹

移动文件或文件夹与复制文件或文件夹的区别在于，复制操作仍保留原来的文件或文件夹，而移动操作是将原来的文件或文件夹移动到其他位置，最终只保留一份。

方法一：利用右键快捷菜单　在文件夹上右击。在弹出的快捷菜单中选择"剪切"命令。切换到文件或文件夹将要移动到的文件夹窗口。在空白区域右击。从弹出的快捷菜单中选择"粘贴"命令。

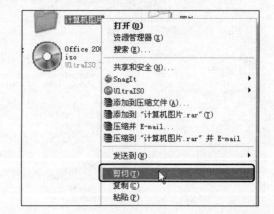

方法二：利用"编辑"菜单

第1步 剪切文件或文件夹 ❶ 选择要移动的文件或文件夹。❷ 单击菜单栏中的"编辑"按钮。❸ 在弹出的下拉菜单中选择"剪切"命令。

第2步 粘贴文件或文件夹 切换到文件或文件夹要移动到的文件夹窗口。单击菜单栏中的"编辑"按钮。在弹出的下拉菜单中选择"粘贴"命令。

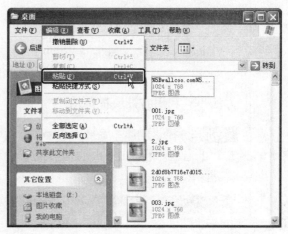

方法三：利用"文件和文件夹任务"任务窗格

第1步 单击"移动这个文件"超链接 ❶ 选中要移动的文件。❷ 单击"文件和文件夹任务窗格"中的"移动这个文件"超链接。

第2步 移动文件 ❶ 此时会弹出"移动项目"对话框，找到需要移动到的位置，如选择本地磁盘（E:）。❷ 单击"移动"按钮即可。

方法四：利用组合键

❶ 选中需要移动的文件或文件夹。❷ 按住【Ctrl+X】组合键将文件或文件夹复制。❸ 切换到要复制到的文件夹中，按【Ctrl+V】组合键将其进行粘贴。

3.3.4 删除和恢复文件或文件夹

不需要的文件或文件夹应及时删除，误删除的文件或文件夹可以通过恢复来还原，删除和恢复文件或文件夹操作也是文件和文件夹管理操作中的一部分。

1. 删除文件或文件夹

为了节省磁盘空间，用户应将电脑中不再需要的文件或文件夹及时删除，将其占用的系统资源空间释放以供他人使用。

删除文件和文件夹的方法类似，下面以删除图片文件"显示器.jpg"为例进行详细介绍其方法。

方法一：利用右键快捷菜单

第1步 选择"删除"命令 ❶ 在要删除的文件上右击。❷ 在弹出的快捷菜单中选择"删除"命令。

第2步 确认删除 弹出"确认文件删除"对话框，在其中单击"是"按钮，该文件即被移入回收站。

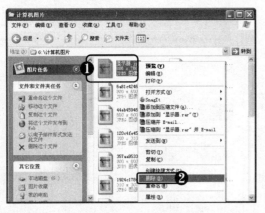

方法二：利用"文件和文件夹任务"任务窗格

第1步 单击"删除这个文件"超链接 ❶ 选中要删除的文件。❷ 单击"文件和文件夹任务"窗格中的"删除这个文件"超链接。

第2步 确认删除 弹出"确认文件删除"对话框，在其中单击"是"按钮，该文件即被移入回收站。

方法三：利用"文件"菜单

❶ 选中要删除的文件。❷ 单击菜单栏中的"文件"按钮。❸ 在弹出的下拉菜单中选择"删除"命令。弹出"确认文件删除"对话框，在其中单击"是"按钮，该文件即被移入回收站，如右图所示。

方法四：利用快捷键

❶ 选中要删除的文件。❷ 按【Delete】键将其删除即可。

2．恢复文件或文件夹

如果用户将文件或文件夹误删至回收站，可以将其恢复到原位置。恢复误删文件或文件夹有以下两种方法：

方法一：利用右键快捷菜单

第1步 打开回收站　双击桌面"回收站"图标，打开"回收站"窗口。

第2步 选择"还原"命令　❶ 选中要还原的文件。❷ 在其上右击。❸ 在弹出的快捷菜单中选择"还原"命令，即可还原文件。

方法二：利用"回收站任务"任务窗格

❶ 打开"回收站"窗口。❷ 选中要还原的文件。❸ 单击"回收站任务"任务窗格中的"还原此项目"超链接。

3. 永久删除文件或文件夹

永久删除文件或文件夹同将文件或文件夹删除至"回收站"的方法类似。但使用该方法删除后的文件和文件夹是从硬盘中彻底删除，不可恢复。

永久删除文件或文件夹的方法是，在删除文件或文件夹的同时按住【Shift】键。此时会弹出"确认文件删除"对话框，单击"是"按钮即可永久删除文件，如左下图所示。

另一种情况是，对于已经被删除至"回收站"的文件或文件夹来说，只要再进一步进行删除即可将其从硬盘彻底删除，如右下图所示。

3.3.5 重命名文件或文件夹

在创建新的文件或文件夹时，文件或文件夹的名称都是系统默认的。为了能够更好地区别或判断文件或文件夹的内容，用户可以对文件或文件夹重命名。

对文件或文件夹重命名的方法有多种，下面以重命名"新建 Microsoft Word 文档.docx"文件为例进行详细介绍。

方法一：利用右键快捷菜单

第1步 选择"重命名"命令 ❶ 在文件"新建 Microsoft Word 文档.docx"上右击。❷ 在弹出的快捷菜单中选择"重命名"命令。

第2步 重命名文件 此时文件名称呈蓝色显示，在名称文本框中输入新名称。在窗口空白区域单击或按【Enter】键即可完成重命名。

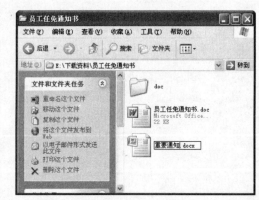

方法二：单击鼠标重命名

选中要重命名的文件。在文件名处再次单击，注意不要间隔时间太短，否则成为双击。此时文件名称呈蓝色显示，在名称文本框中直接输入新名称，在空白处单击即可。

方法三：通过"文件夹和文件夹任务"任务窗格

选中要命名的文件。单击"文件和文件夹任务"任务窗格中的"重命名文件夹"超链接。此时文件名称呈蓝色显示，在名称文本框中直接输入新名称，在空白处单击即可。

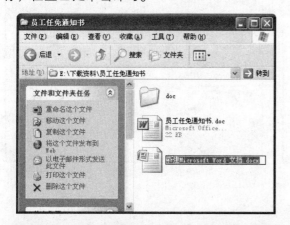

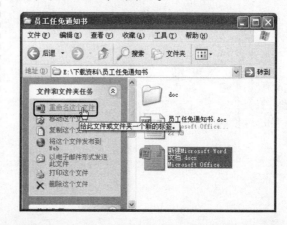

3.4 文件和文件夹的高级管理

在学习了文件和文件夹的基本操作后，我们接下来学习如何对文件和文件夹进行高级管理。其高级操作主要包括文件或文件夹的查找，隐藏与显示文件或文件夹，以及自定义文件夹图标等。

3.4.1 查找文件或文件夹

电脑中的文件和文件夹数目众多，在需要查找某一文件或文件夹时很不方便，如何才能快速找到需要的文件或文件夹呢？下面为大家介绍一种快速查找方法。

第1步 单击"搜索"按钮　打开"我的电脑"窗口，在其中单击"搜索"按钮。

第2步 单击"所有文件和文件夹"超链接　窗口的左侧会出现一个"搜索助理"对话窗格，在其中单击"所有文件和文件夹"超链接。

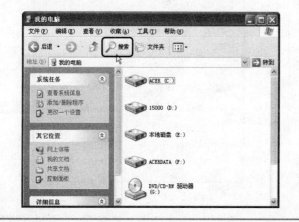

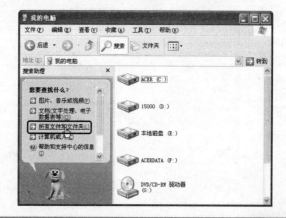

第3步 输入搜索内容 ❶ 在新出现的"搜索助理"对话窗格中的文本框中输入要搜索的文件或文件夹名称。❷ 单击"搜索"按钮。

第4步 显示搜索结果 系统开始搜索符合条件的文件或文件夹，经过一段时间的搜索后，在其右侧的列表中显示出搜索结果。

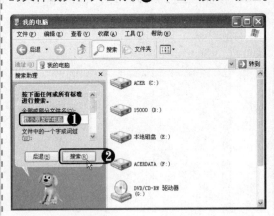

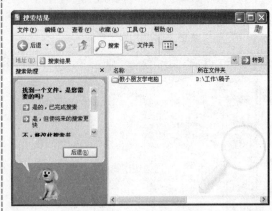

3.4.2 隐藏文件或文件夹

在日常生活和办公中，如果有些文件和文件夹不想让别人看到，可以将其隐藏，用以保护私人甚至商业秘密。

1. 隐藏文件夹

第1步 打开"属性"对话框 ❶ 选择要隐藏的文件夹。如这里选择"稿子"文件夹。❷ 在其上右击。❸ 在弹出的快捷菜单中选择"属性"命令。

第2步 选中"隐藏"复选框 打开"稿子属性"对话框，在其中选中"隐藏"复选框，单击"确定"按钮。

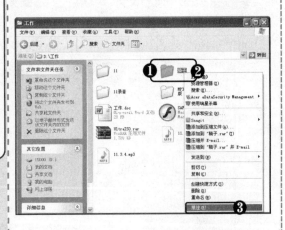

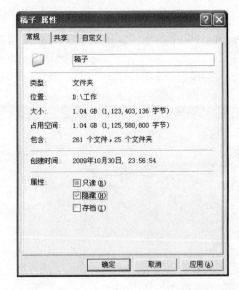

第3步 **确认修改** ❶ 弹出"确认属性更改"对话框，在其中选中"将更改应用于该文件夹、子文件夹和文件"单选按钮。❷ 单击"确定"按钮。

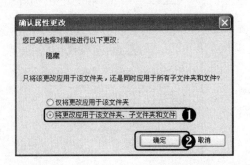

2. 隐藏文件

第1步 **打开"属性"对话框** ❶ 选中需要隐藏的文件。❷ 在其上右击。❸ 在弹出的快捷菜单中选择"属性"命令。

 高手点拨

隐藏文件夹只能起到一般的保护作用，并不是绝对安全。

第2步 **选中"隐藏"复选框** ❶ 打开"属性"对话框，选中"隐藏"复选框。❷ 单击"确定"按钮。

第4步 **查看效果** 返回文件夹窗口，可以看到被隐藏的文件夹已经消失。

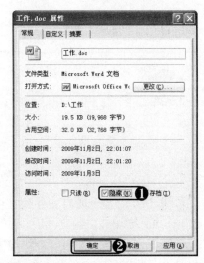

第3步 **查看效果** 返回文件夹，可以看到被隐藏的文件已经消失。

3.4.3 显示隐藏文件

如果想把被隐藏的文件或文件夹重新显示出来，可采用以下方法解决：

第1步 打开"文件夹选项"对话框 **❶** 在文件夹窗口中单击"工具"按钮。**❷** 在弹出的下拉菜单中选择"文件夹选项"命令。

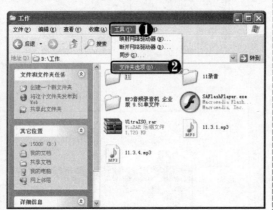

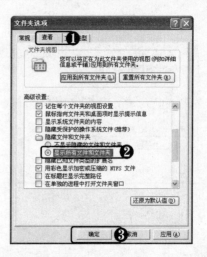

第3步 查看效果 返回文件夹，可以看到原先被隐藏的文件和文件夹都重新显示了出来，不过颜色比较淡一些。

高手点拨

对于比较重要的文件，建议使用专门的加密软件来保护资料的安全。

第2步 选中"显示所有文件和文件夹"单选按钮 **❶** 弹出"文件夹选项"对话框，单击"查看"选项卡。**❷** 在"高级设置"列表框中选中"显示所有文件和文件夹"单选按钮。**❸** 单击"确定"按钮。

高手点拨

若想使文件只可看而不被允许修改，则将文件设置为"只读"就可以了。在文件或文件夹上右击，在弹出的快捷菜单中选择"属性"命令，在弹出的对话框中选中"只读"复选框即可。

3.4.4 自定义文件夹图标

由于系统默认的文件夹图标过于单调，有些用户为了使图标看起来更加活泼，或者为了查找方便，此时可以修改文件夹的图标，下面将介绍自定义文件夹图标的方法。

第1步 打开"属性"对话框 ❶ 选中要更改图标的文件夹，在其上右击。❷ 在弹出的下拉菜单中选择"属性"命令。

第2步 单击"更改图标"按钮 ❶ 打开属性对话框，并切换到"自定义"选项卡。❷ 在其中单击"更改图标"按钮。

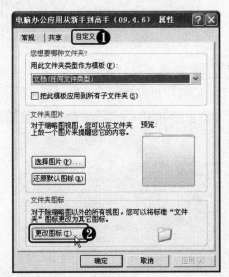

第3步 选择新图标 ❶ 弹出更改图标对话框，在其中选择要更改为的新图标。❷ 单击"确定"按钮。

高手点拨

用户可以根据文件夹的内容选择合适的文件夹图标，使文档被查看时更加一目了然。

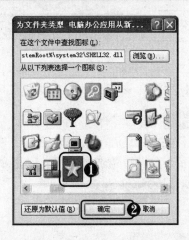

第4步 确认更改 返回属性对话框，在其中可以预览新图标的样式，单击"确定"按钮。

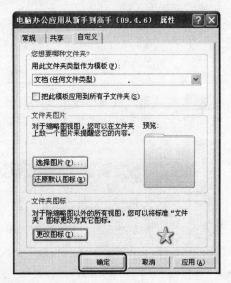

第5步 查看效果 返回第1步打开的文件夹窗口，此时可以看到该文件夹的图标已经发生了改变。

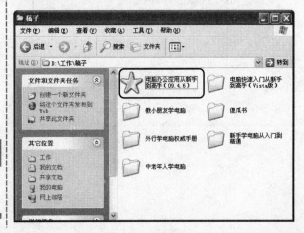

3.4.5　共享文件和文件夹

在进行文件和文件夹的高级管理中，用户可以动态地共享文件和文件夹，以方便其他用户查看，共享文件和文件夹的具体方法如下：

第1步 选择"属性"对话框　选中要共享的文件夹，如"流行歌曲"，在其上右击。在弹出的下拉菜单中选择"属性"命令。

第3步 设置共享　❶ 选中"在网络上共享这个文件夹"复选框。❷ 单击"确定"按钮。

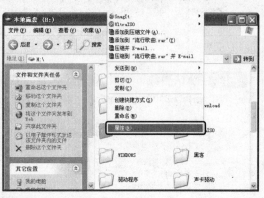

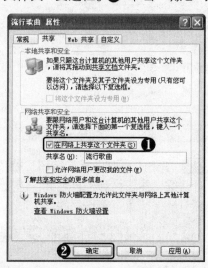

第2步 切换到"共享"选项卡　打开"流行歌曲属性"对话框，在其中切换到"共享"选项卡。

第4步 完成共享　返回到第1步文件夹窗口中，此时即可看到文件夹已经被共享了。

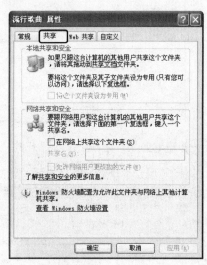

电脑·小·专家

问：怎样将已经更改的文件夹图标还原成以前的样子呢？

答：在"更改图标"对话框中单击"还原默认值"按钮，即可将文件夹图标还原成更改前的状态。

第4章

轻轻松松学打字

章前导读

在信息技术高速发展的今天，如果不会使用电脑打字就会被社会所淘汰，因此掌握一门输入法是十分必要的，本章我们将来学习输入法的有关知识和打字的操作方法。

✓ 认识输入法
✓ 输入法的基本操作
✓ 常用输入法
✓ 字体的安装与下载

小神通，在前面章节中讲解文件命名时，我都是在你和博士的都助下输入的汉字，现在我很想学习怎样使用中文输入法，快速而准确的打字。

这好办，这一章我们就来学习输入法吧，我将向你推荐几款好用又简单的输入法，此外还有字体安装的内容，学会了这些你就可以轻松打字了。

呵呵，这一章我们会从认识到使用为你介绍输入法,通过对几种常用输入法的体验，你可以选择最适合自己的一种，通过练习相信你一定可以熟练掌握打字方法。

4.1 认识输入法

在我们的日常学习和工作中，只要与文字打交道，就需要用到输入法，在详细介绍具体输入法的使用方法之前，我们首先来认识一下什么是输入法。

4.1.1 输入法简介

输入法就是利用键盘，根据一定的编码规则来输入汉字的一种方法。目前的输入法种类繁多，而且新的输入法不断涌现，其功能越来越强。目前的中文输入法有"中文（简体）-全拼"、"微软拼音"、"智能 ABC"、"搜狗拼音输入法"和"万能五笔输入法"等。

4.1.2 认识语言栏

语言栏用于控制系统的文字输入，通过它用户可以进行输入法的选择和设置。语言栏主要包括四部分：输入法图标、"帮助"按钮、控制按钮和选项图标，如右图所示。

1．输入法图标

在屏幕右下角的任务栏中有一个输入法状态图标，单击输入法图标，此时将弹出输入法菜单，如右图所示。菜单中所显示的选项即为系统中安装的输入法。

2．"帮助"按钮

单击该按钮，在弹出的下拉列表中选择"语言栏帮助"选项，将弹出"语言栏"帮助对话框，如下图所示。

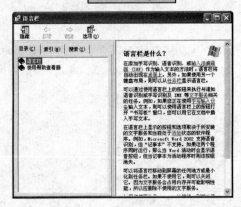

3．控制按钮

控制按钮有两种状态，即"最小化"和"还原"。当其显示为"最小化"按钮时，单击该按钮，可将其最小化到任务栏中，且按钮状态变为"还原"按钮，如下图所示。

同理，单击"还原"按钮，可将语言栏还原，且按钮状态变为"最小化"按钮，如下图所示。

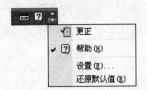

4. 选项图标 ▾

单击该图标，将弹出语言栏的选项菜单，如
右图所示。其中显示了语言栏的多个控制命令，
选择某一个命令，即可对语言栏进行相应的设置。

 高手点拨

系统默认的微软拼音输入法版本为 2003，其 2007 版本会随着 Microsoft Office 2007 软件的安装自动被
添加到系统中。

4.1.3 认识中文输入法状态栏

当启动中文输入法后，桌面上会显示输入法状态栏，如右图所示。
下面我们将以搜狗拼音输入法为例，对中文输入法状态栏中的各个按
钮进行详细的介绍。

1. 输入法名称框

在输入法名称框中显示了输入法的名称或
标志，例如搜狗输入法的 图标，用于显示用户
现在使用的是哪种输入法。

3. 全/半角切换按钮

此按钮用来切换全角和半角状态。输入法状
态栏中若显示 ☽ 符号，表示现在输入法处于半角
状态。单击 ☽ 符号，该符号将变为 ● 符号，表明
现在处于全角状态，如下图所示。全角状态下输
入的字符占两个字节，半角状态下输入的字符占
一个字节。

2. 中/英文切换按钮

该按钮用来切换中英文输入状态。单击此
按钮，将显示英图标，表示这个时候可以输入
英文，如下图所示。再次单击英图标，将切换
为中图标，表示此时可以输入中文。

4. 中/英文标点切换按钮

此按钮用来切换中英文标点。输入法状态栏
中如果显示°符号，表示现在输入法处于中文标点
输入状态。单击°符号，该符号将变为 ' 符号，表
明现在处于英文标点输入状态下，如下图所示。

5. 软键盘切换按钮

单击输入法状态栏中的软键盘切换按钮，可以开启或关闭软键盘，如下图所示。单击软键盘
中的符号，可以输入相应的字符。

用鼠标右击软键盘按钮,可以弹出包含 13 种特殊字符的软键盘布局列表,如下图所示。

在软键盘布局列表中选择一种软键盘种类,可以看到软键盘中的字符发生了改变。如选择"特殊符号"选项,此时单击软键盘上的字符,即可插入特殊符号,如下图所示。

4.2 输入法的基本操作

系统自带有多种输入法,用户可以在输入法菜单中进行自由切换,还可以根据需要,对其进行相应的添加或删除。下面将对其进行详细的介绍。

4.2.1 输入法的选择与切换

输入法的选择可以通过单击输入法状态图标,也可以通过按键盘组合键进行选择。

方法一: 通过输入法状态图标选择

❶ 单击任务栏右下角的输入法状态图标。❷ 弹出输入法选择菜单,在其中选择需要使用的输入法菜单项,如选择"搜狗拼音输入法",即可切换到该输入法,如下图所示。

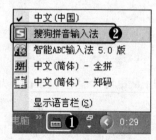

方法二: 使用键盘组合键选择

按【Ctrl+Shift】组合键,可以看到输入法状态图标开始切换输入法。继续按【Ctrl+Shift】组合键,直到选中自己想使用的汉字输入法为止,如下图所示。另外,按键盘左边的【Ctrl+Shift】组合键,是正向的切换顺序,按键盘右边的【Ctrl+Shift】组合键,是反向的切换顺序。

4.2.2 添加输入法

我们可以对系统已经安装好但是还没有在输入法菜单中显示的输入法进行添加操作,

这样就可以直接在输入法菜单中进行切换了。

第1步 选择"设置"命令 ❶ 在输入法状态图标上右击。❷ 在弹出的快捷菜单中选择"设置"命令。

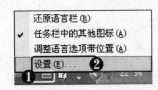

第2步 单击"添加"按钮 弹出"文字服务和输入语言"对话框，在其中单击"添加"按钮。

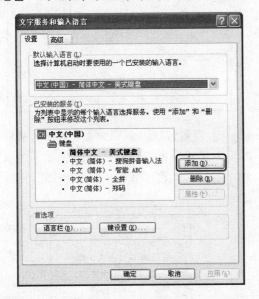

第3步 选择添加的输入法 ❶ 弹出"添加输入语言"对话框，单击"键盘布局/输入法"下方的下拉按钮。❷ 在弹出的下拉列表框中选择"微软拼音输入法 3.0 版"选项，单击"确定"按钮。

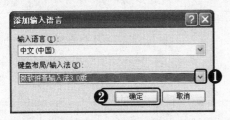

第4步 输入法已经被添加 ❶ 返回到"文字服务和输入语言"对话框，即可看到"微软拼音输入法 3.0 版"已经被添加到"已安装的服务"选项区域中的列表框中。❷ 单击"确定"按钮。

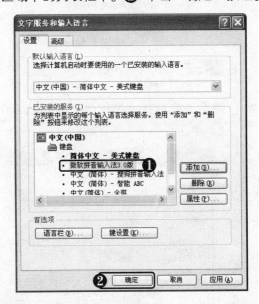

第5步 查看效果 返回桌面，单击语言栏输入法状态图标，在弹出的输入法菜单中即可看到新添加的输入法。

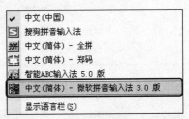

高手点拨

在日常生活中，用户只需添加常用的输入法即可，这样用户在需要的输入法之间切换时可以更加方便，从而节省更多的时间。

4.2.3 删除输入法

对于一些不常用又不想立刻卸载的输入法，可以将其从输入法菜单中删除。下面我们将具体介绍其删除方法。

第1步 选择"设置"命令 ❶ 在输入法状态图标上右击。❷ 在弹出的快捷菜单中选择"设置"命令。

第2步 查看效果 ❶ 弹出"文字服务和输入语言"对话框,在"已安装的服务"选项区域中选择"微软拼音输入法 3.0 版"。❷ 单击"删除"按钮。

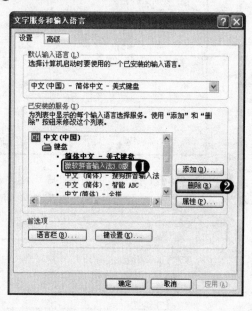

第3步 确认删除 即可看到列表框中的"微软拼音输入法 3.0 版"已经被删除,单击"确定"按钮。

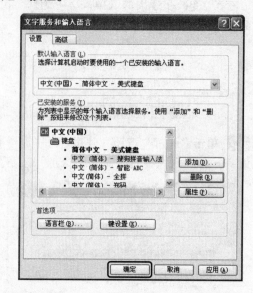

第4步 查看效果 返回桌面,单击语言栏中的输入法状态图标,在弹出的输入列表中即可看到"微软拼音输入法 3.0 版"已经被删除了。

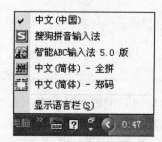

4.3 常用输入法

本节我们来为大家介绍一些常用的输入法,用户可根据自己的需要和习惯,选择适合自己的输入法。

4.3.1 安装输入法

通常系统自带的几种输入法比较单调而且使用起来不太方便,为了满足更多用户的需求,可以到网络中下载自己需要的输入法并安装。下面我们以安装"搜狗拼音输入法"为例,讲解安装输入法的方法。

第1步 双击安装程序 双击"搜狗拼音输入法"安装程序。

第2步 单击"下一步"按钮 弹出"搜狗拼音输入法"安装界面，单击"下一步"按钮。

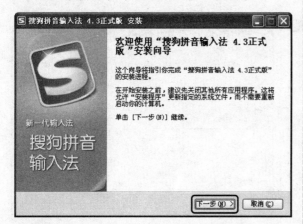

第3步 同意安装协议 弹出安装使用协议窗口，阅读协议，单击"我同意"按钮。

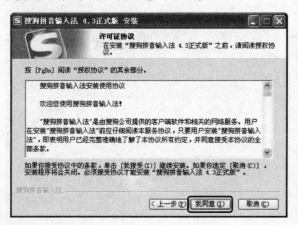

第4步 选择安装位置 ❶ 弹出选择安装路径的窗口，单击"浏览"按钮，在弹出的窗口中选择安装目标文件夹。❷ 单击"下一步"按钮。

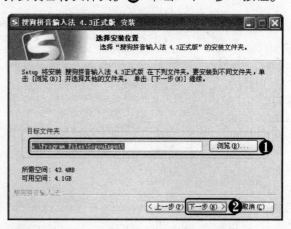

第5步 选择"开始菜单"文件夹 弹出选择"开始菜单"文件夹对话框，这里保持默认设置，单击"安装"按钮。

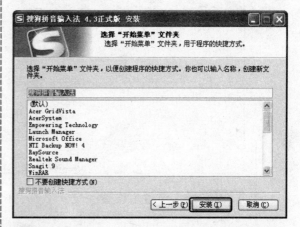

第6步 开始安装 开始安装，并显示安装进度。

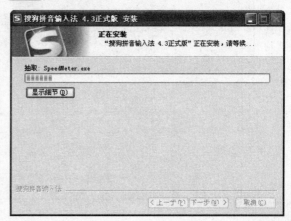

第7步 完成安装　安装完毕，单击"完成"按钮。

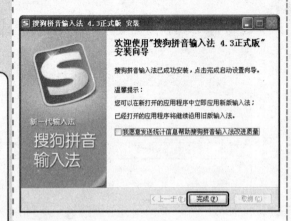

第8步 单击"完成"按钮　弹出"安装完成"窗口，单击"完成"按钮。

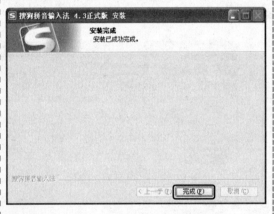

第9步 进入个性化设置　进入个性化设置向导，单击"下一步"按钮。

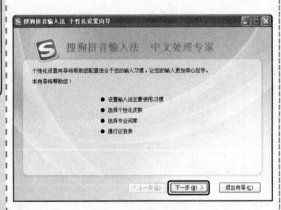

第10步 配置主要输入　❶ 在弹出的对话框中设置自己的主要输入习惯。❷ 单击"下一步"按钮。

第11步 选择输入法皮肤　❶ 在弹出的对话框中选择自己喜欢的输入法皮肤。❷ 单击"下一步"按钮。

第12步 设置需要的细胞词库　❶ 选择自己常用的细胞词库前的复选框。❷ 单击"下一步"按钮。

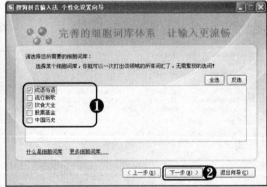

第13步 设置通行证 进入登录通行证对话框，若不需要通行证，则可直接单击"下一步"按钮。

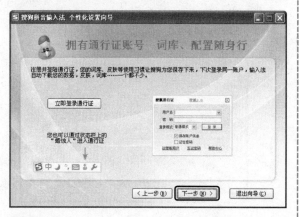

第14步 完成个性化设置 完成个性化设置，单击"完成"按钮。

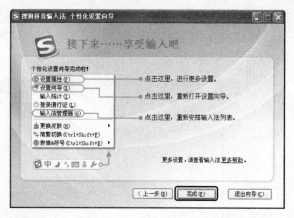

第15步 查看效果 此时单击任务栏右下角的输入法状态图标，可在弹出的输入法菜单中看到已经安装好的"搜狗拼音输入法"。

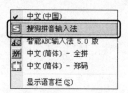

4.3.2 微软拼音输入法

微软拼音输入法是 Windows XP 操作系统自带的输入法，它是一种基于语句的智能型拼音输入法，也是目前最常用的输入法之一，下面我们就以微软拼音输入法 2007 为例，详细介绍使用微软拼音输入法输入文本的具体操作步骤。

1．输入单个汉字

第1步 切换输入法 新建一个记事本文件。单击输入法图标，在弹出的输入法菜单中选择微软拼音输入法。

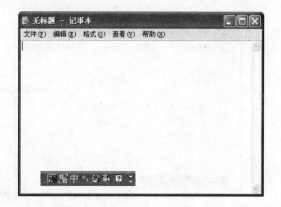

第2步 输入汉字拼音 输入"冬"字的汉语拼音，即按【D】、【O】、【N】、【G】键。此时将弹出提示框，显示所有拼音为"dong"的汉字或词语。

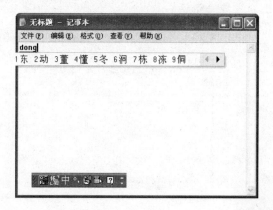

第3步 选择正确汉字　按数字键【5】，在提示框中进行选择正确汉字，此时文档中显示"冬"字，并且下方出现下画虚线。

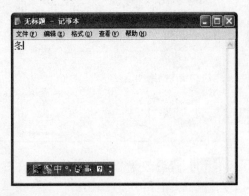

第4步 确认输入　按空格键（【Enter】键），确认"冬"字的输入。

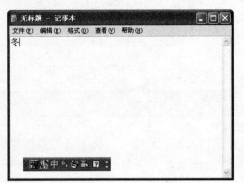

第5步 输入汉字拼音　输入"天"字的汉语

2. 输入词语

第1步 输入词语拼音　输入"美丽"的汉语拼音，即按【M】、【E】、【I】、【L】、【I】。此时将弹出提示框，显示所有拼音为 meili 的汉字或词语。

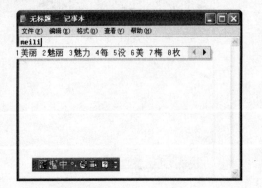

拼音，即按【T】、【I】、【A】、【N】键。此时将弹出提示框，显示所有拼音为 tian 的汉字或词语。

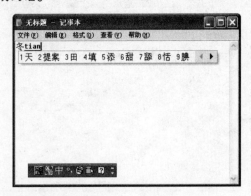

第6步 直接确认输入　因为需要的"天"字排在提示框中的第一位，因此只需要连续按两次空格键即可完成输入。

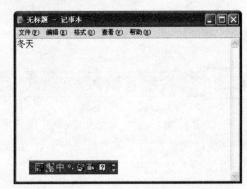

第2步 确认输入　连续按两次空格键，输入词语"美丽"。

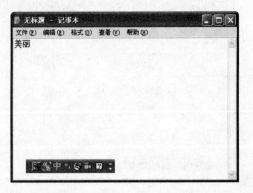

3. 输入整句

微软拼音输入法不仅能满足用户输入词语的要求，还能智能地输入整句话而不必分词。下面以输入句子"我爱北京天安门"为例，介绍使用微软拼音输入法输入整个句子的具体方法。

第1步 **输入句子拼音** 输入句子的拼音 woaibeijingtiananmen，此时提示框出现显示与拼音匹配的句子。

第2步 **确认输入** 按空格键,将整句话输入到文档中，确认文字无误后，再按空格键（【Enter】键）即可。

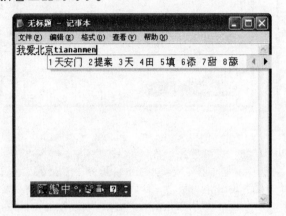

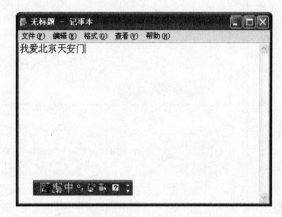

4. 简拼输入

微软拼音输入法不仅支持全拼输入，还支持简拼输入，其方法是只需输入汉字或词语的声母部分即可，大大提高了输入效率。

第1步 **输入简拼** 输入"离开"一词的声母为"lk"，此时提示框中出现与其相关的词语。

第2步 **确认输入** 确认无误后,连续按两次空格键,即可将词语输入。

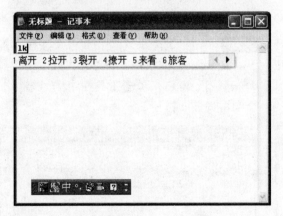

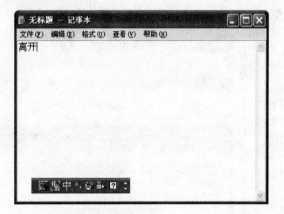

5. 音节分隔符的使用

用拼音输入法输入象"皮袄（piao）"和"西安（xian）"这类第二个字为韵母开头的词语时，往往需要用音节分隔符进行分隔，才能正确输入，否则会输入成为"票"和"先"。下面以输入"西安"词语为例进行介绍音节分隔符的使用方法。

第1步 输入词语 输入"西"字的拼音"xi"，然后按【'】键，再输入"安"字的拼音"an"。

第2步 确认输入 确认无误后，连续按两次【Enter】键完成输入。

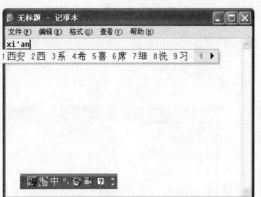

高手点拨

单击微软拼音输入法状态条上的"开启/关闭输入板"按钮，即可打开输入板。其中包括"字典查询"和"手写识别"两种功能，"字典查询"功能是可以帮助用户查询不认识的汉字，"手写识别"功能的是可以用鼠标书写汉字，系统对其进行识别。该功能对于不太熟悉输入法的老年人和小朋友有很大的帮助，其具体使用方法，读者可以自行揣摩，在此不再详细介绍。

6. 自造词功能

微软拼音输入法具有自造词功能，对于用户经常使用的词语，可以利用该功能将它们自定义到输入法中，等再次输入该词语时，直接输入即可。下面将详细介绍使用自造词功能进行自定义词语的操作步骤。

第1步 打开自造词程序 ❶单击微软拼音输入法状态条上的"功能菜单"按钮。❷ 在弹出的快捷菜单中选择"自造词工具"命令。

第2步 单击"增加一个空白词条"按钮 弹出"Microsoft 微软输入法 2007 自造词工具-[自造词]"窗口，单击工具栏中的"增加一个空白词条"按钮。

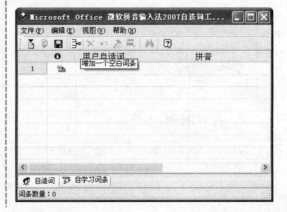

第3步 输入自造词 ❶ 弹出"词条编辑"对话框，在"自造词"文本框中输入"依法执监"，此时文本框下方的"汉字"和"拼音"选项区中显示词语拼音。在"快捷键"文本框中输入该词语的快捷键。❷ 单击"确定"按钮。

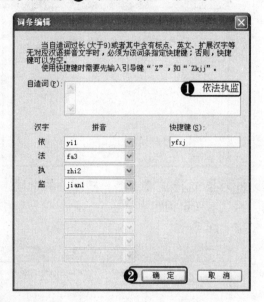

第4步 词条已经添加 返回"Microsoft 微软输入法 2007 自造词工具-[自造词]"窗口中，此时词语"依法执监"已经添加到词语列表中，单击"关闭"按钮。

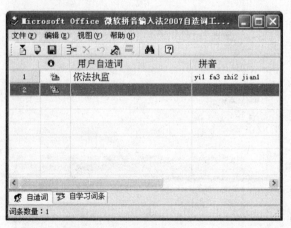

第5步 保存修改 弹出"Microsoft Office 微软输入法 2007 自造词工具"提示信息框，单击"是"按钮，保存修改。

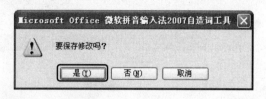

第6步 输入新词 返回记事本文档，输入新词的拼音为 yifazhijian，此时会弹出提示框，其中包括刚刚新造的词语。

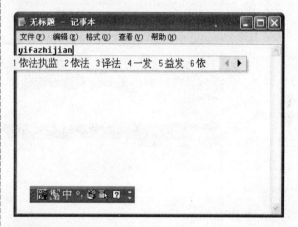

第7步 确认输入 确认无误后，连续按两次【Enter】键，即可输入词语。

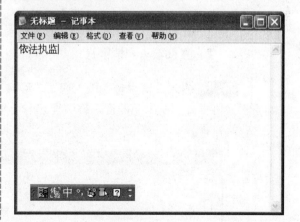

4.3.3　搜狗拼音输入法

　　搜狗拼音输入法的开发满足了网络时代里电脑用户的需求，改变了过去五笔输入法输入速度快于拼音的局面，具有易学易用、输入速度快和智能记忆等特点，是目前最受欢迎的输入法之一。

1. 输入普通词组或单句

第1步 切换到搜狗拼音输入法 ❶ 单击输入法状态图标。❷ 在弹出的下拉菜单中选择"搜狗拼音输入法"选项。

提示您

当输入拼音后出现多个与之匹配的词组时，按词组前面对应的数字键即可输入。

第2步 输入法状态条改变 切换后输入法状态条显示当前使用的输入法为搜狗拼音输入法。

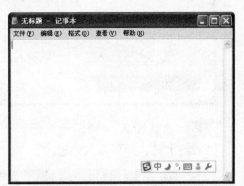

多学点

使用微软拼音输入法时，一次不宜输入过长的句子，否则容易出现词语错误。

第3步 输入普通词组或单句 输入"外行学电脑"单句的拼音，此时将弹出提示框，显示所有与之相关的词组。

第4步 选择正确词组 按相应的键输入词组，若所选词组为第一个，则直接按空格键输入即可。

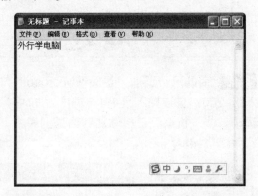

2. 直接输入表情字符

第1步 输入汉语拼音 输入词语"呵呵"的汉语拼音。在出现的提示框中显示与之对应的词语。

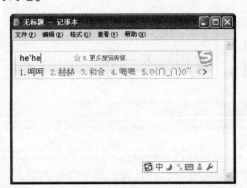

第2步 输入表情 单击数字键【5】，即可将表情符号输入到文本中。

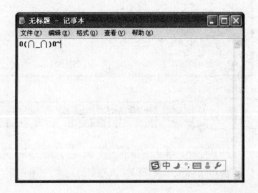

3．输入字符画

第1步 输入词语 输入词语"兔子"的汉语拼音。出现提示框，按数字键【5】。

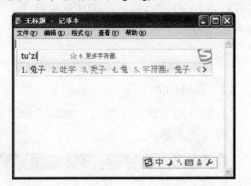

第2步 输入字符画 即可将字符画"兔子"输入到文本中。

4．快速输入时间

第1步 输入"sj" 输入 sj。在出现的信息框中显示各种时间格式。

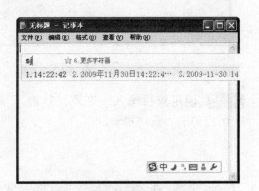

第2步 输入时间 按相应数字键输入相应格式的时间，如这里选择数字键【1】。即可快速将当前时间输入到文本中。

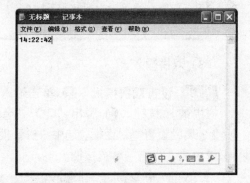

5．在汉字输入状态下直接输入英文

第1步 输入英文单词 在中文输入状态下不用改变输入状态，直接输入英文 Apple，此时可以看到提示框中出现英文单词 Apple。

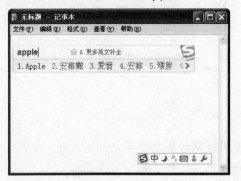

第2步 输入完毕 按空格键将其输入到文本中。

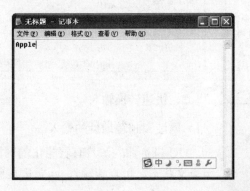

4.3.4 QQ 拼音输入法

QQ 拼音输入法是由腾讯公司开发的一款类似于我们常用的智能 ABC 的一种中文简体文字输入法。它具有速度快，占用系统资源小等特点，QQ 拼音输入法和搜狗拼音输入法的用法比较类似，这里我们介绍一些上节没有介绍的功能。

1. 基本输入

（1）全拼输入

和其他输入法相类似的全拼输入法，输入完整的拼音，如下图所示。

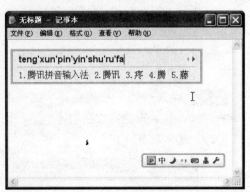

（2）简拼输入

只输入短语或句子中每个字的声母即可，如下图所示。

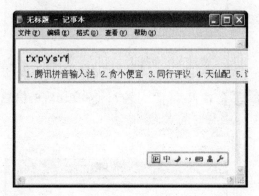

（3）双拼输入

第1步 **设置双拼模式** ❶ 单击输入法状态栏中的 ✎ 按钮。❷ 弹出"QQ 拼音输入法2.3 属性设置"对话框，选中"拼音模式"区域中的"双拼"单选按钮。

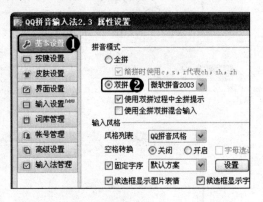

第2步 **使用双拼输入** 在双拼状态下输入短语或句子的双拼拼音。

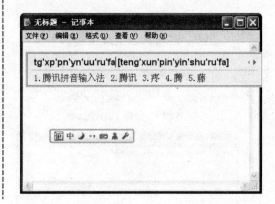

2. 快速转换输入

（1）网址和邮箱地址的输入

QQ 拼音输入法具有智能化的网址模式，在进行网址和邮箱地址的输入时，不需要切换至英文状态，可直接输入 www. 即能将其转到网址模式，然后按空格键即可输入。

除了可以直接输入网址，还可以直接输入邮箱、博客等网址。目前 QQ 拼音输入法支持的规则有："www."、"mail."、"news."、"bbs."、"blog."、"ftp:"、"http:"、"https:"、"@"。

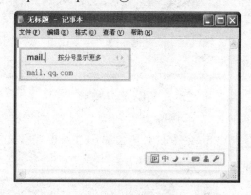

（2）V 模式数字转换

a 基本数字转换　输入 v 后，再输入数字，即可快速输入对应的大写数字。注意的是双拼中请输入大写 V，如下图所示。

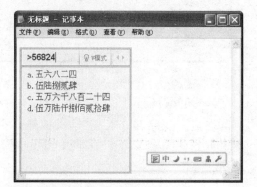

b 日期转换　在 V 模式下直接输入日期中的年、月、日的数字格式，中间用 "." 或 "/" 隔开，可转换成文字形式，如下图所示。

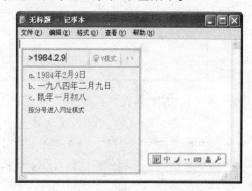

c 股票代码转换成股票名称

在 V 模式下输入股票代码，即可直接输入股票名称。此时单击股票名称后的 按钮，如下图所示。

在弹出的新页面中打开腾讯证券频道，即可查看该股票的行情，如下图所示。在 V 模式下还可实现小数金额的汉字转换，读者可在日后的使用中自己体验，在此不再一一进行介绍。

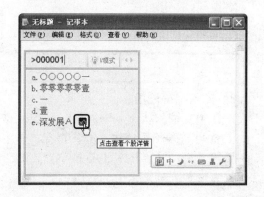

高手点拨

QQ 拼音输入法在默认情况下显示 5 个候选词，用户可以通过单击"设置"按钮，在弹出的"属性设置"对话框中的"基本设置"选项卡下进行设置，或者通过"个性化设置向导"来修改候选词的个数。

多学点

QQ 拼音输入法还带有 V 模式计算器功能，进入 V 模式后，可以直接输入数学算式，在提示框中显示计算结果。

3．人名模式输入

用户输入的拼音串被识别界定为人名时，会在右上角会显示进入人名模式的提示信息，如下图所示。

单击"，"，即可进入人名模式，如下图所示。

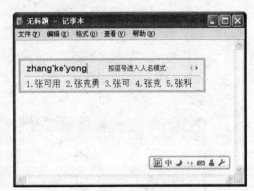

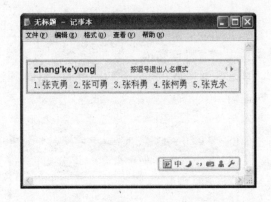

4．拆字输入

当需要输入很复杂的汉字，且不知道该汉字应该如何发音时，可先将汉字拆分，分别用拼音串表示各部分的读音，QQ 拼音可以对其智能组合，从而联想出该字，如下图所示。

5．通配符输入

在输入汉字时，可用*号代替部分拼音串，很方便的输入含有生僻字的词，如下图所示。

提示您

QQ 拼音输入法还具有词库网络同步、词库随身携带功能，用户可以输入自己的账号，将自己的个人词库和设置保存在网络上。

6．表情输入

（1）输入图片表情

在中文输入状态下输入 vbq，将显示常用的 QQ 图片表情快捷输入框，直接单击表情图片，或者按下 1~9 数字键，即可将其插入到文本中，如下一页下图所示。

（2）输入字符表情

在中文输入状态下输入 vzf，将显示常用的 QQ 字符表情快捷输入框，直接单击字符表情候选词，或者按下 1~9 数字键，即可将字符表情输入到文本中，如下一页下图所示。

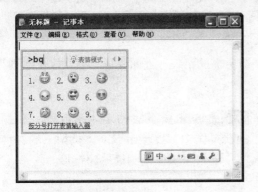 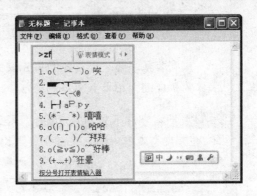

7. i 模式快捷启动小工具

在中文输入状态下输入 i，将显示 QQ 拼音提供的所有小工具，按相应数字键即可快速启动对应小工具，如下图所示。

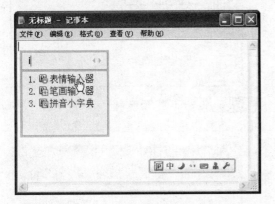

当遇到比较生僻的字不知道怎么发音的时候，可单击数字"2"，打开"QQ 拼音智能笔画输入器"窗口，如下图所示，通过笔画、部首的组合输入，很快定位目标字。

单击数字"1"，打开"QQ 拼音表情输入器"窗口，如下图所示。单击喜欢的图片表情或字符表情即可输入。

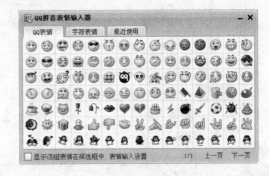

单击数字"3"，将启动"QQ 拼音小字典"，如下图所示。当用户遇到不会输入的字或者词时，可先对其进行复制，然后打开"QQ 拼音小字典"，单击"粘贴"按钮，字（词）的注音和笔画就会依次展示出来。

4.4 字体的安装与卸载

电脑系统中默认安装了一些字体，但在实际工作中有时需要用到多种字体，此时就需要为系统安装新字体，下面我们来具体介绍如何下载、安装和卸载字体。

外行学电脑傻瓜书

4.4.1 下载字体

在安装新字体之前，我们首先要到网上下载所需的字体。下面就以下载"汉仪粗圆简"字体为例详细介绍下载字体的方法。

电脑小专家

问：怎样修改 QQ 拼音输入法的外观呢？

答：单击输入法状态栏中的"设置"按钮，在弹出的"属性设置"对话框中的"皮肤设置"和"界面设置"选项卡中进行设置。

新手巧上路

问：QQ 拼音输入法有没有帮助文件呢？

答：去 QQ拼音输入法的官方网站的帮助页面看吧，网址是：http://py.qq.com/qqpinyin/help.html，里面有很详细的帮助信息。

第1步 搜索字体下载网站 ❶ 打开百度首页，在搜索文本框中输入关键字"字体下载"。❷ 单击"百度一下"按钮。

第2步 单击网站超链接 在弹出的新页面中显示搜索到的字体下载网站，单击需要的网站超链接。

第3步 单击"汉仪字体"超链接 进入字体下载网站，在其中单击"汉仪字体"超链接。

第4步 单击要下载的字体超链接 在弹出的新页面中，显示出该字体类型下的各种字体，单击"汉仪粗圆简"超链接。

第5步 单击下载超链接 进入字体下载页面，在其中单击"高速下载"超链接。

第6步 立即下载 ❶ 弹出"建立新的下载任务"对话框，在其中选择存储路径。❷ 单击"立即下载"按钮。

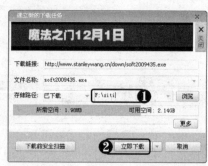

4.4.2 安装字体

电脑系统中默认安装了一些字体，但在实际工作中有时需要用多种字体，此时就需要为系统安装新字体，下面我们来介绍安装字体的具体方法。

第1步 找到字体压缩包 找到下载到的文件夹，可看到下载好的字体压缩包。

第2步 解压缩字体压缩包 将字体压缩包解压缩后，可看到解压后的字体文件。

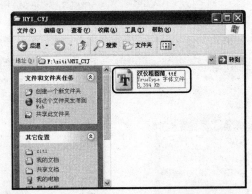

第3步 打开"控制面板" ❶ 单击"开始"按钮。❷ 在弹出的面板中选择"控制面板"命令。

第4步 打开"字体"文件夹 打开"控制面板"窗口，双击"字体"图标。

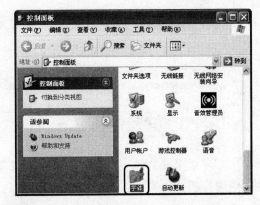

第5步 选择"安装新字体"命令 ❶ 打开"字体"文件夹，单击"文件"按钮。❷ 在弹出的下拉菜单中选择"安装新字体"命令。

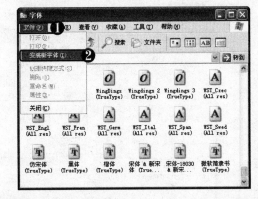

第6步 选择要安装的字体 弹出"添加字体"对话框。分别在"驱动器"和"文件夹"列表框中选择字体文件所在的驱动器和文件夹。此时"字体列表"中会出现该文件夹中的字体文件，然后选中字体。单击"确定"按钮。

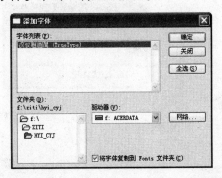

第7步 开始安装字体，经过短时间的等待，即可安装完毕，返回"字体"对话框，可查看新安装的字体。

高手点拨

在安装好字体后，重新打开文档，原来文档中不显示的字体即可正确显示了。

4.4.3 卸载字体

如果安装的字体太多，占用了过多的磁盘空间，可将不需要的字体进行卸载，下面介绍卸载字体的方法。

第1步 选择"删除"命令 ❶ 打开"控制面板"中的"字体"文件夹。在需要卸载的字体文件中右击。❷ 在弹出的下拉菜单中选择"删除"命令。

高手点拨

在目录 C:\WINDOWS 中双击 Fonts 文件夹也可打开"字体"窗口。

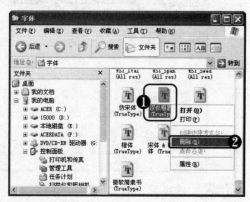

第2步 确认删除 弹出"Windows 字体文件夹"对话框，单击"是"按钮，即可删除字体。

第**5**章

系统自带程序

在学习了一些基础的电脑知识后，我们来轻松一下，看一看电脑中自带的一些小工具和小游戏。这些小工具和小游戏虽然体积小，但功能很强大，也很实用。本章我们将为大家介绍一下这方面的内容。

 附件工具
 Windows 自带小游戏

New Computer Tech For Dummies

 前面学了好多有用的知识，我觉得获益匪浅哦！不过，电脑也应该是休闲娱乐的工具，有没有什么好玩的小东西呢？

 当然有了，Windows XP 操作系统自带了许多有趣的附件小工具和小游戏，在学习累了的时候可以通过玩游戏放松放松。

 小神通说得不错，麻雀虽小，五脏俱全。别看这些小工具体积小，但是它们的作用并不小，这一章，我们就学习一下电脑中的附件和小游戏的使用方法吧。

5.1 附件工具

Windows XP 操作系统自带了许多附件小工具，别小看这些小工具，虽然不大，但是用起来都很方便。下面我们主要介绍一下录音机、画图工具、计算器和写字板这几个常用的工具。

5.1.1 录音机

附件工具中提供了几种带有娱乐功能的软件工具，录音机就是其中之一。用户可以用录音机录制自己的声音，但是一般只能录制 60s。

第1步 打开收音机　❶ 单击"开始"按钮。❷ 在弹出的快捷菜单中选择"所有程序"｜"附件"｜"娱乐"｜"录音机"命令。

第2步 单击录音按钮　打开录音机界面，单击 ● 按钮，开始录制声音。

第3步 录制声音　❶ 开始录制声音，可看到录音机界面中当前声音的波形图。❷ 录音完毕后，单击 ■ 按钮结束录制。

第4步 保存录音　❶ 单击"文件"按钮。❷ 选择"保存"命令。

第5步 保存录音文件　❶ 弹出"另存为"对话框，选择要保存到的目标位置。❷ 输入保存名称，单击"保存"按钮。

第6步 播放保存的录音　单击 ► 按钮，即可播放刚保存的录音。

5.1.2 画图工具

画图工具是 Windows XP 操作系统自带的一种绘图工具，它可以实现简单的绘画和编辑图像的功能。利用画图工具绘制的图像的默认格式为.bmp。

第1步 打开画图工具 ❶ 单击"开始"按钮。❷ 选择"所有程序"|"附件"|"画图"命令。

第2步 设置图像属性 ❶ 单击"图像"按钮。❷ 在弹出的下拉菜单中选择"属性"命令。

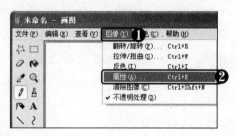

第3步 设置图像大小 ❶ 打开"属性"对话框，将宽度和高度分别设置为 800 和 600。❷ 单击"确定"按钮。

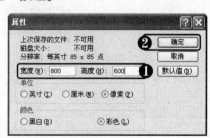

第4步 填充背景颜色 ❶ 单击窗口底部的调色板，在其中选择蓝色。❷ 选择工具箱中的"用颜色填充"工具。❸ 在绘图区中单击，即可填充背景颜色。

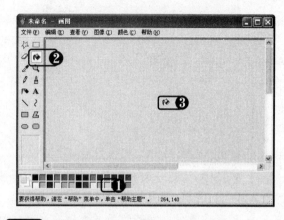

第5步 绘制小房子 ❶ 选择工具箱中的"直线"工具。❷ 拖动鼠标，在绘图区绘制小房子的图形。

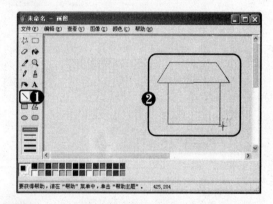

第6步 绘制门窗和烟囱 ❶ 选择工具箱中的"矩形"工具。❷ 在绘图区拖动鼠标，再绘制出窗户、门和烟囱。

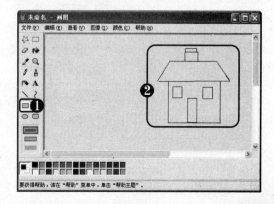

第7步 绘制白烟 ❶ 选择工具箱中的"曲线"工具。❷ 绘制白烟的轮廓。

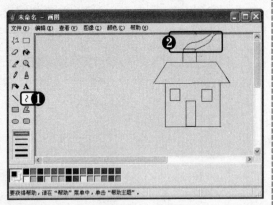

第8步 为部分填充颜色 ❶ 选择工具箱中的"用颜色填充"工具，在调色板中依次选择各个部分适合的颜色。❷ 依次在各个部分单击鼠标填充颜色。

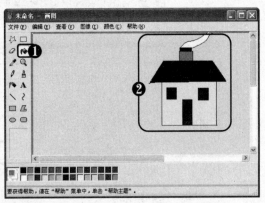

第9步 绘制草坪 选择工具箱中的"铅笔"工具。在房子周围绘制草坪区域。使用"用颜色填充"工具将其填充为绿色。

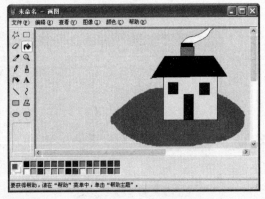

第10步 设置填充方式 选择颜色为白色。

单击"用颜色填充"工具，并选择最下方的实心无边框填充方式

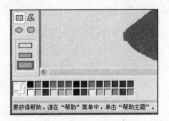

第11步 绘制栅栏 在房子周围拖动鼠标绘制一圈栅栏。使用"曲线"工具绘制栅栏上的绳索。

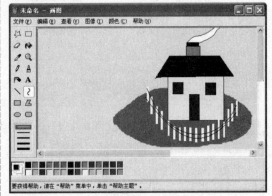

第12步 绘制太阳 选择填充颜色为红色。选择工具箱中的"椭圆"工具。拖动鼠标的同时按住【Shift】键，即可绘制正圆，然后使用直线工具绘制光线。

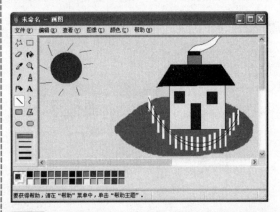

第13步 绘制白云 选择填充颜色为白色。选择工具箱中的"椭圆"工具。在合适的位置绘制椭圆。在椭圆附近位置继续绘制不同形状的椭圆，从而绘制出白云的效果。

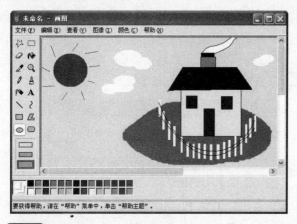

第14步 保存图像 ❶ 绘制完成后，单击"文件"按钮。❷ 选择"保存"命令。

第15步 保存文件 ❶ 弹出"保存为"对话框，在其中选择保存位置，并输入保存文件名。❷ 单击"保存"按钮，即可保存。

高手点拨

在绘制直线时，按住【Shift】键，可绘制出水平线、垂直线和角度为 45°的直线。

在按住【Shift】键的同时，使用"椭圆"工具或"矩形"工具，可绘制出正圆形或正方形。

5.1.3 计算器

附件中还带有计算器工具，用户可以使用电脑上的计算器进行数学运算。计算器分为两种类型：一种是标准型，另外一种是科学型。

除了基本的数字键和数学运算符外，计算器上还有一些其他的按键，下面首先来了解一下这些按键的具体用途。

- ❦ CE: 清除输入键，在数字输入期间按下此键将清除输入寄存器中的值并显示"0"。(clear enter)
- ❦ Sqrt: 显示一个输入正数的平方根。(square root calculations)
- ❦ M+: 把目前显示的值放在存储器中，中断数字输入。(memory +)
- ❦ MR: 调用存储器内容。(memory recall)
- ❦ MS: 将显示的内容存储到存储器。(memory save)
- ❦ MC: 清除存储器内容。(memory clear)

了解了这些按键的用途，下面我们就来为大家详细介绍普通型计算器和科学型计算器的具体使用方法。

1. 普通型计算器

普通型计算器的使用方法很简单，也很容易操作，下面将介绍如何使用普通型计算器。

第1步 打开计算器 ❶ 单击"开始"按钮。 ❷ 选择"所有程序"|"附件"|"计算器"命令。

第3步 输入第二个运算数据 输入第二个要参与运算的数据。

第2步 输入计算数据 ❶ 单击界面中的数字按钮，或直接单击键盘中的数字键，输入第一个要运算的数字。 ❷ 单击"*"按钮或按【*】键，输入乘法运算符。

第4步 显示计算结果 单击"="号，或按【=】键，即可显示出计算结果。

2. 科学型计算器

下面以计算 1/ln20! 为例来介绍科学型计算器的使用方法。

第1步 打开科学型计算 ❶ 单击"查看"按钮。❷ 在弹出的下拉菜单中选择"科学型"命令。

第2步 阶乘运算 输入阶乘数字 20，然后单击计算器上的 n! 按钮，从而得出结果。

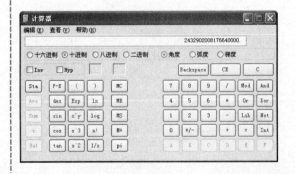

第3步 **ln 运算** 单击计算器上的 ln 按钮，并直接得出结果。

第4步 **倒数运算** 单击计算机上的 1/x 按钮，直接得出最终结果。

5.1.4 写字板

"写字板"是 Windows 操作系统自带的一种文本编辑工具，它的功能比记事本更强大，并且使用简单。它不仅可以进行中英文文档的编辑，而且还可以图文混排，插入图片、声音、视频剪辑等多媒体资料。下面以制作《一季度药品销售记录》为例，进行写字板的介绍。

第1步 **打开写字板** ❶ 单击"开始"按钮。❷ 选择"所有程序"|"附件"|"写字板"命令。

第2步 **输入文档标题** 输入文档标题为"第一季度药品销售记录"。

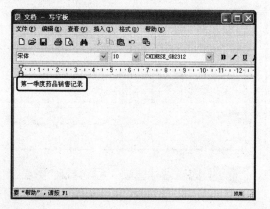

第3步 **设置文字格式** 选择标题文字，然后单击"居中"按钮。单击"字体"和"字号"下拉按钮，为文字设置字体和字号。

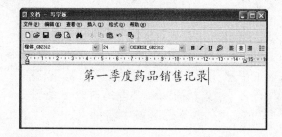

第4步 **为文字设置颜色** ❶ 选中文档标题。❷ 单击调色板按钮。❸ 在弹出的下拉颜色面板中选择"深红色"选项。

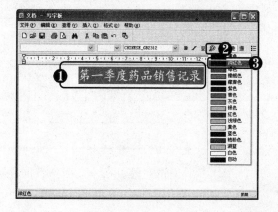

第5步 插入对象 ❶ 单击"插入"按钮。❷ 在弹出的下拉菜单中选择"对象"命令。

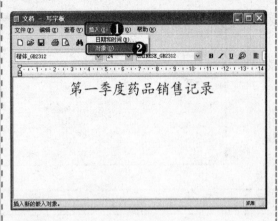

第6步 选择对象类型 ❶ 选择"对象类型"列表框中的"Microsoft Gragh 图表"选项。❷ 单击"确定"按钮。

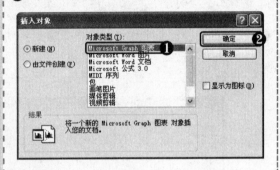

第7步 插入该类型的对象 此时在写字板的文本编辑区域中将插入一个该类型的对象。

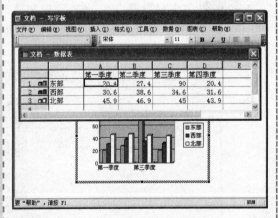

第8步 编辑对象 在"文档—数据表"列表框中，对图表中的数据进行编辑。

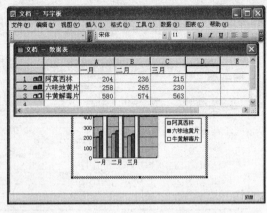

第9步 查看图表 编辑完毕后单击数据表右上方的"关闭"按钮，返回到文档编辑区，即可看到生成的图表结果。

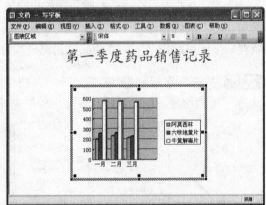

第10步 打开"图表选项"对话框 ❶ 单击"图表"按钮。❷ 在弹出的下拉菜单中选择"图表选项"命令。

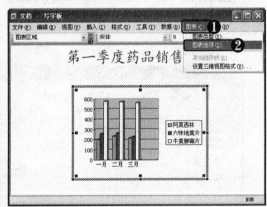

第11步 编辑图标选项 ❶ 弹出"图表选项"对话框，在"图表标题"文本框中输入图表

标题为"药品销售"。❷ 在"分类（X）轴"文本框中输入"月份"。❸ 在"数值（Z）轴"文本框中输入"数量（万盒）"。❹ 单击"确定"按钮。

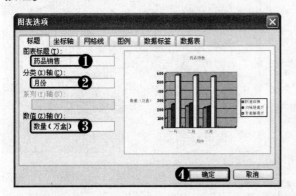

第12步 **查看最终效果** 关闭"图表选项"对话框，返回文档编辑区，即可看到图表文档的最终效果。

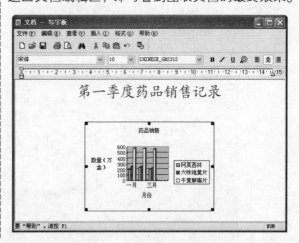

5.2 Windows 自带小游戏

为了迎合用户的休闲娱乐需求，Windows XP 操作系统还自带了许多小游戏，例如"红心大战"、"蜘蛛纸牌"、"扫雷"、"三维弹球"等，这些小游戏趣味性强，占用资源小，玩起来简单方便，深受广大用户的喜爱。

5.2.1 蜘蛛纸牌

"蜘蛛纸牌"游戏的目标是以最少的移动次数将牌面中的十叠牌以及待发的 5 组，共计 8 副牌整理移除。当所有牌被移除整理到界面的左下方时，游戏获胜。

第1步 **打开"蜘蛛纸牌"** ❶ 单击"开始"按钮。❷ 选择"所有程序"|"游戏"|"蜘蛛纸牌"命令。

第2步 **选择游戏难度** ❶ 打开"蜘蛛纸牌"界面，弹出"难易级别"对话框。❷ 选择游戏难度。❸ 单击"确定"按钮。

第3步 移牌 游戏开始，使用鼠标移动一张或一组牌到另一张牌的上面或空牌叠。每次移动的牌都只能放在一叠牌全部移除后的空白位置或者比它最下面的一张牌大1点的牌之上。

组牌时，这组牌会被自动移除整理到左下方，同时获得分数奖励。

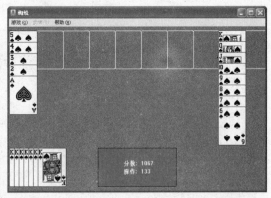

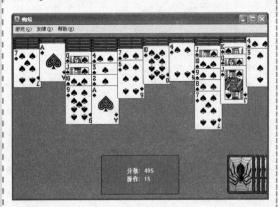

第4步 发牌 当需要发牌时，单击界面右下角的未发牌叠，可执行发牌操作。发牌时，界面上方的牌叠位必须都有牌，否则不能执行发牌操作。发牌时，将自动在每叠牌最上面发一张翻看状态的牌。

第6步 胜利 当所有牌被移除整理到界面的左下方时，游戏获胜。在游戏开始时，为500分，以后每移一次牌或撤销移牌一次，扣一分。当一组同一花色的牌被移除整理到左下方时，加100分。界面的中下方的方框中显示最终的得分分数和已操作的次数。

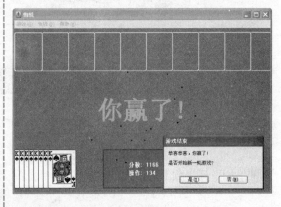

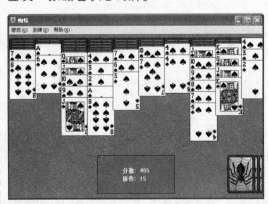

第5步 移动组牌和整理 当一组牌全部为同一花色时，可以移动这一组牌。否则，只能移动这一组最上面一张或同一花色的多张。当移动形成同一花色由K到A顺序的一

 **高手点拨**

游戏级别分为初级、中级和高级3种，游戏难度递增，用户可以根据自己的游戏能力选择游戏等级。

5.2.2 扫雷

扫雷游戏的目标是尽快找到雷区中的所有不是地雷的方块，而不许踩到地雷。如果挖开的是地雷，将输掉游戏。游戏区包括雷区、地雷计数器和计时器。

第1步 打开"扫雷"游戏 ❶ 单击"开始"按钮。❷ 选择"所有程序"|"游戏"|"扫雷"命令。

第2步 单击方块 通过单击即可挖开方块。如果方块上出现数字，则表示在其周围的 8 个方块中共有多少颗地雷。

第3步 标记地雷 要标记认为可能有地雷的方块，请右击。

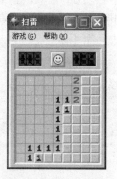

第4步 输掉游戏 如果挖开的是地雷，则将输掉游戏。

第5步 获胜 当所有隐藏地雷的方块全部被标记，并且未碰到地雷时，游戏获胜。

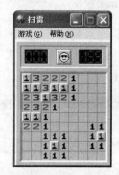

第6步 登记用户名 ❶ 弹出对话框，输入用户名。❷ 单击"确定"按钮即可。

5.2.3 红心大战

红心大战也是一款非常有趣味性的小游戏，游戏规则也很简单，4 个玩家如果有一个玩家的分数首先超过 100 分，则游戏结束，玩家中得分最少者获得最终胜利。游戏之中吃一张黑桃 Q 得 13 分，吃一张红心得 1 分，如果在游戏中将黑桃 Q 和所有红心全部得到，则其他 3 个玩家每人各加 26 分。

第1步 打开"红心大战"游戏 ❶ 单击"开始"按钮。❷ 选择"所有程序"|"游戏"|"红心大战"命令。

📺 电脑小专家

问：红心大战局数是固定的吗？

答：不是的，红心大战游戏何时结束取决于 4 个玩家中谁先拿到 100 分，如果游戏中一直没有玩家拿到 100 分，则游戏仍会继续。

第2步 输入名称 ❶ 弹出"Microsoft 网上红心大战"对话框，在文本框中输入玩家姓名。❷ 单击"确定"按钮。

第3步 向左传牌 ❶ 选择 3 张需要传给别人的牌。❷ 单击"向左传"按钮。

🔵 新手巧上路

问：按照游戏规则，如果拿到黑桃 Q，是不是应该尽量拿到全部所有红心牌？

答：是这样的，但是如果没有十足把握，尽量不要再故意吃掉红心，收不齐所有红心只会使自己的分值越来越大。

第4步 接受其他玩家传给的牌 同样，其他玩家也会传给自己 3 张牌，单击"确定"按钮。

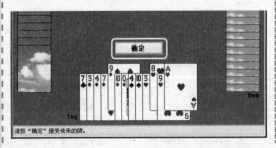

第5步 开始游戏 此时即可开始进行游戏。

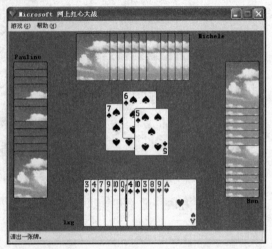

第6步 显示结果 一轮游戏结束后会弹出相应对话框显示该局游戏的得分情况，以及该局游戏的胜利者，单击"确定"按钮。

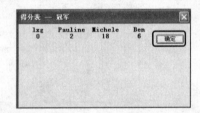

第7步 继续游戏 此时继续游戏，直到有玩家的分数超过 100 分，则游戏结束，并弹出"游戏结束"对话框，显示最终游戏结果，单击"确定"按钮。

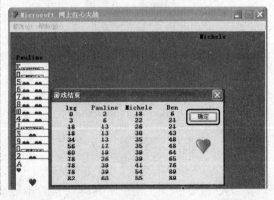

第6章

常用工具软件

章前导读

除了安装操作系统时自带的一些程序和软件，有时候还需要在电脑中安装其他一些应用软件，这些软件使计算机的应用更加丰富，例如压缩软件、下载软件等，本章将介绍电脑中经常使用的软件工具及其应用方法。

✓ 压缩软件
✓ 下载软件
✓ 看图软件 ACDSee
✓ 阅读软件 Adobe Reader
✓ 光影魔术手
✓ 金山词霸

小神通，我们平时常用的工具软件都有哪些？

电脑中常用的工具软件很多，一般情况下要根据自己的需要进行选择。

没错，但是有些软件基本是每个电脑用户都会需要的，例如压缩软件、下载程序或者文件所使用的软件等，掌握这些软件的使用，可以给我们的生活带来很大的便利。

6.1 压缩软件

为了节省更多的磁盘空间或便于文件的传输，有时候往往需要将文件进行压缩，目前，常用的压缩软件种类很多，包括 WinRAR、WinZip 等。

6.1.1 直接压缩文件

用户在对文件和文件夹进行操作时，有时候先需要将文件或文件夹进行压缩，具体操作步骤如下：

第1步 选择 WinRAR 选项 ❶ 单击"开始"按钮。❷ 在弹出的开始菜单中选择"所有程序" | WinRAR| WinRAR 命令。

第2步 打开 WinRAR 窗口 启动 WinRAR 软件后，即可打开 WinRAR 程序窗口。

第3步 添加压缩文件 ❶ 在 WinRAR 窗口

中选择要压缩的文件的路径。❷ 选择要压缩的文件。❸ 单击"添加"按钮。

第4步 设置压缩文件名和格式 ❶ 弹出"压缩文件名和参数"对话框，在"常规"选项卡下的"压缩文件名"文本框内输入文件名。❷ 在"压缩文件格式"选项区内选中 RAR 单选按钮。

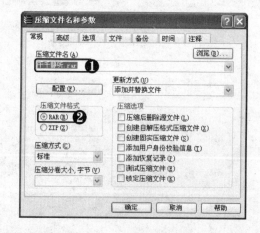

第5步 添加文件　❶ 单击"文件"选项卡。❷ 单击"要添加的文件"右侧的"追加"按钮。

第6步 选择文件　❶ 弹出"请选择要添加的文件"对话框，选择要追加的文件。❷ 单击"确定"按钮。

第7步 确定压缩　返回"压缩文件名和参数"对话框，此时即可看到新添加的文件，单击"确定"按钮。

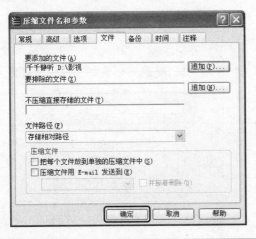

第8步 显示压缩进度　弹出"正在创建压缩文件"对话框，并且可以查看文件的压缩进度。

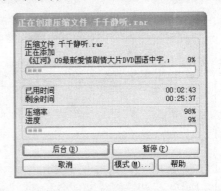

第9步 显示生成的压缩文件　文件被压缩完毕后，即可看到生成的压缩文件。

第10步 查看压缩文件内容　双击压缩文件，即可看到压缩文件里包含的文件。

高手点拨

在对文件进行加密压缩时，要牢牢记住设置的密码，以免日后带来不必要的麻烦。

6.1.2 加密压缩文件

在对文件进行压缩时，为了保证文件的安全性，可以对压缩文件进行加密，具体操作步骤如下：

第1步 单击"高级"选项卡 选择要压缩的文件，打开"压缩文件名和参数"对话框，在其中单击"高级"选项卡。

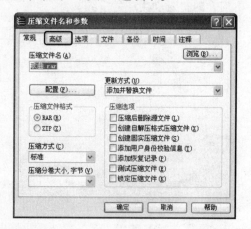

第2步 单击"添加密码"按钮 ❶ 此时切换到"高级"选项卡下。❷ 单击"设置密码"按钮。

第3步 输入密码 ❶ 弹出"带密码压缩"

对话框，在其文本框中输入密码。❷ 单击"确定"按钮。

第4步 完成密码设置 返回"压缩文件名和参数"对话框，单击"确定"按钮。

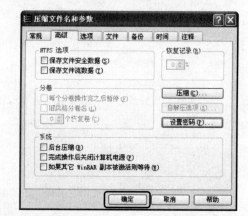

第5步 开始压缩 弹出"正在创建压缩文件歌曲"对话框，并且可以看到文件的压缩进度。

电脑小专家

问：压缩文件被损坏了怎么办？

答：如果压缩文件被损坏了，不能解压，此时可以打开 WinRAR 软件，按【Alt+R】组合键，在弹出的对话框中尝试修复。

新手巧上路

问：为什么 WinRAR 软件使用一段时间后，加密压缩功能会莫名其妙的失效了？

答：那是因为使用的WinRAR已经过了测试期，需要注册才可以继续使用。

第6步 **打开压缩文件** 找到文件压缩包,双击进行打开。

第7步 **双击任一文件** 打开"歌曲.rar-WinRAR"对话框,在对话框中双击任意一个文件。

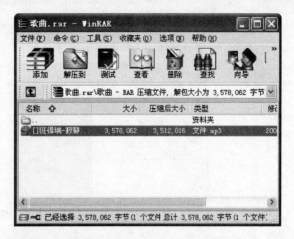

第8步 **输入密码** ❶ 打开"输入密码"对话框,在其中输入密码。❷ 单击"确定"按钮。

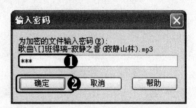

6.1.3 解压文件

文件被压缩以后,会以压缩包的形式存放在电脑内,要查看压缩包中的文件,就需要将压缩包解压,具体操作步骤如下:

第1步 **选择"解压文件"选项** ❶ 右击创建的"蒙版"压缩包。❷ 在弹出的快捷菜单中选择"解压文件"命令。

第2步 **打开"解压路径和选项"对话框** ❶ 弹出"解压路径和选项"对话框,在对话框右侧列表中选择目标路径。❷ 单击"确定"按钮。

第3步 **解压文件** 弹出"正在从蒙版.rar 中解压"对话框，并显示解压进度条。

第4步 **查看解压文件** 解压以后即可在指定盘符中找到解压的文件。

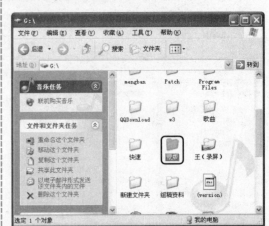

提示您

对于比较大的文件，用户可以使用 WinRAR 的分卷压缩功能将文件压缩成许多小的压缩包。

高手点拨

将需要使用的文件解压后，为了节省磁盘空间，可以将压缩文件删除，在文件被使用完毕后，如果需要添加压缩文件，直接对其进行压缩即可。

6.2 下载软件

最常用的下载软件有快车、迅雷以及 BT。

多学点

迅雷 5.9 以前的版本不支持边下载边观看功能。

下面就对这 3 款软件进行比较，见下表。

	安全性	下载速度
快车	较少捆绑广告、病毒	独有的 P4S 技术，完全打通 HTTP、BT、eMule 互相加速，但其下载速度仍逊于迅雷
迅雷	安全级别相对较低，存在捆绑广告、间谍软件的行为	迅雷采用独特的 P2SP 技术，且具备用户群大、速度快的特点
BT	很少捆绑广告、病毒，但 BT 不会记录用户下载文件的信息	是一个多点下载的源码公开的 P2P 软件，同样用户群大、速度快的特点

除了上述 3 款下载软件以外，还有其他一些下载软件，诸如电驴、超级旋风等，下面就以迅雷为例介绍下载软件的使用方法。

6.2.1 安装迅雷

安装迅雷的具体操作步骤如下：

第1步 双击安装程序 找到迅雷安装程序,双击进行安装。

第2步 "安装向导"对话框 打开"安装向导"对话框,单击"是"按钮。

第3步 "选择附加任务"对话框 ❶ 打开"选择附加任务"对话框,单击"更改"按钮,选择目标文件夹。❷ 在"更多安装"选项区域中选择要安装的选项。❸ 单击"下一步"按钮。

第4步 "正在安装"对话框 打开"正在安装"对话框,并显示安装进度条。

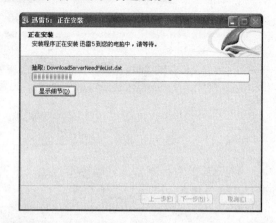

第5步 "完成安装"对话框 打开"完成安装"对话框,单击"完成"按钮。

第6步 选择下载目录 ❶ 打开"欢迎使用迅雷 5"对话框,"请选择您常用的下载目录"选项区下,单击"浏览"按钮,选择下载的目录。❷ 单击"确定"按钮。

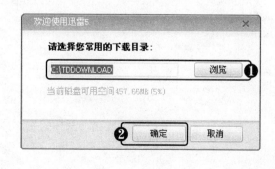

高手点拨

即便是设置好了下载目录，在使用迅雷下载时还可以动态地选择文件下载的路径。

6.2.2 设置迅雷

成功安装迅雷后，即可进行下载，但有时候用户需要根据自己的需要对迅雷进行相应地设置，设置迅雷的具体方法如下：

第1步 启动迅雷 在桌面上双击"迅雷"快捷方式图标，启动迅雷软件。

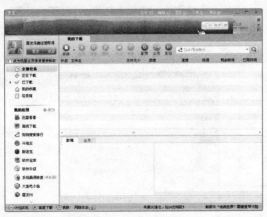

第2步 选择"配置"选项 ❶ 单击"工具"按钮。❷ 在弹出的下拉列表中选择"配置"选项。

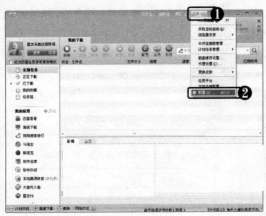

第3步 常用设置 选择"常用设置"选项，在对话框右侧可以对启动设置、任务管理、磁盘缓存进行设置。

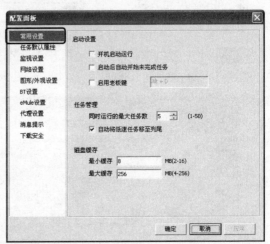

第4步 设置任务默认属性 选择"任务默认属性"选项，在对话框右侧可以对常用目录、任务开始方式以及原始地址线程数等选项进行设置。

第5步 **监视设置** 选择"监视设置"选项，在对话框右侧可以分别对监视对象和监视下载类型进行相关的设置。

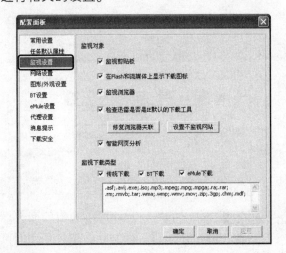

第6步 **网络设置** 选择"网络设置"选项，在对话框右侧可以对下载模式、连接管理以及系统半开连接数优化进行设置。

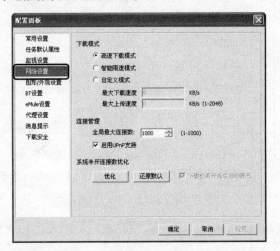

第7步 **BT 设置** 选择"BT 设置"选项，在对话框右侧可以对关联设定、分享设定和端口设置进行相关的设置。

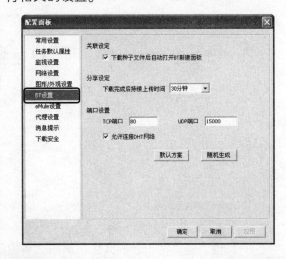

第8步 **eMule 设置** 选择"eMule 设置"选项，在对话框右侧可以对用户昵称、连接 ED2K 网络等进行设置。

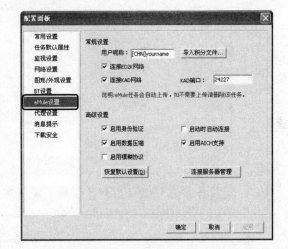

 高手点拨

　　对于一些不太了解的设置，尽量不要随便对其进行改变，以免引起软件异常，或者下载出错等，如果想对其进行设置，可以向他人咨询后再进行操作。

6.2.3 使用迅雷下载

　　对迅雷进行基本的设置后，下面就来介绍如何使用迅雷软件进行下载文件的方法。

第1步 搜索资源 ❶ 启动迅雷软件,在搜索栏中输入要搜索的内容,例如输入"画沙"关键字。❷ 单击"搜索"按钮 🔍。

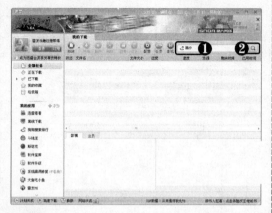

第2步 选择文件 稍后即可打开搜索结果页面。选择要下载的文件,单击"名称"下方的链接。

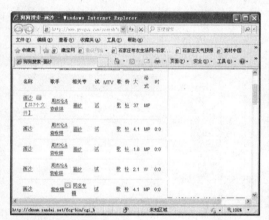

第3步 下载资源 打开"下载资源"页面,单击"下载地址 1:baidu 下载"链接。

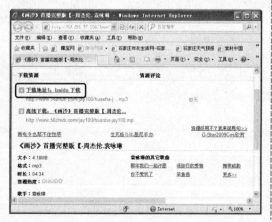

第4步 建立下载任务 ❶ 在打开的对话框中输入文件名称。❷ 单击"浏览"按钮,选择存储路径。❸ 单击"立即下载"按钮。

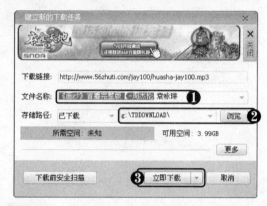

第5步 下载任务 此时打开迅雷界面开始下载任务,并显示下载文件进度、所用时间等信息。

第6步 完成下载 下载完毕后即可在下载目录内找到该文件。

6.3 看图软件 ACDSee

ACDSee 是目前非常流行的看图工具之一。它提供了良好的操作界面，简单人性化的操作方式。利用 ACDSee 可以打开包括 ICO、PNG、XBM 在内的 20 余种图像格式，并且能快速高清地显示这些图像。

下面以 ACDSee 10 为例进行介绍，ACDSee 窗口界面如下图所示。

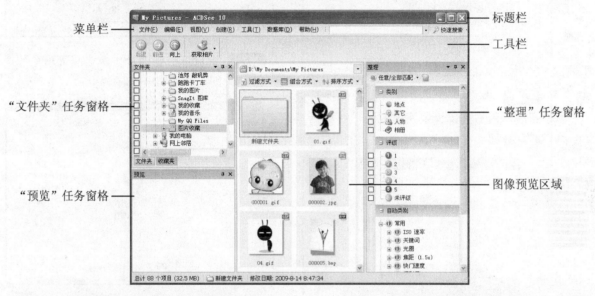

菜单栏　　　　　标题栏

工具栏

"文件夹"任务窗格　　　　"整理"任务窗格

图像预览区域

"预览"任务窗格

6.3.1 ACDSee 安装与图片浏览

ACDSee 安装与图片浏览的具体操作步骤如下：

第1步 安装 ACDSee　找到 ACDSee 安装程序，对其双击进行安装。

第2步 程序初始化　稍后程序开始自动初始化，并显示相应的进度条。

第3步 开始安装 弹出安装向导对话框，单击"下一步"按钮。

第4步 完成安装 按照步骤操作提示进行安装，最后弹出安装完成对话框，单击"完成"按钮。

第5步 双击图片 双击桌面上的 ACDSee 10 快捷方式的图标，启动软件，并双击想要浏览的图片。

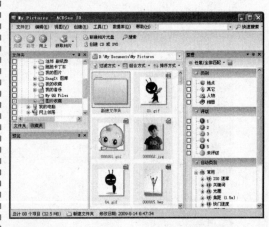

第6步 浏览图片 在弹出的窗口中即可浏览图片。

第7步 浏览下一张图片 单击"下一个"按钮，即可浏览下一张图片。

第8步 放大浏览 单击"放大"按钮，即可浏览放大以后的图片。

高手点拨

在窗口中单击"选择工具"，在图片上进行区域选择，之后在选择的区域上单击，即可将此区域的图像放大进行查看。

6.3.2 设置图片类别和评级

在 ACDSee 中我们还可以将图片分门别类，并设置图片评级，具体操作步骤如下：

第1步 选择图片 ❶ 在"文件夹"任务窗格选择"图片收藏"文件夹。❷ 按住【Ctrl】键不放，在图像预览区依次选中要选择的图片。

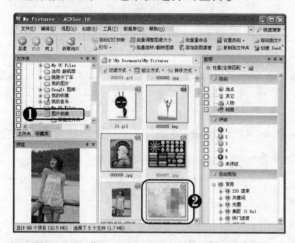

第2步 拖动图片 在任意一张选中的图片上按住鼠标左键不放，将其拖动到"整理"任务窗格中的"任务"选项上。

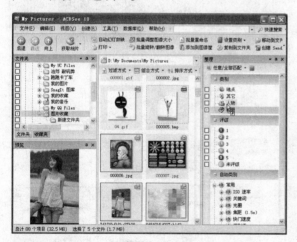

第3步 图片分类 释放鼠标左键，之后即可看到被选中的图片被归到"人物"类别中，并在图片上方显示出分类标志。

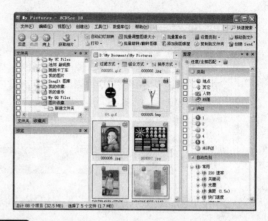

第4步 设置评级 按照设置类别的方法设置图片评级。

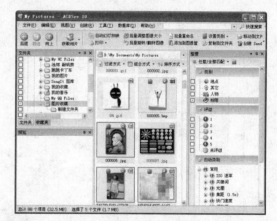

第5步 "人物"类别的图片 选择"整理"任务窗格中的"人物"选项，即可在图片预览区看到人物类别的图片。

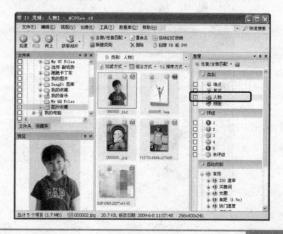

第6步 显示图片 选择"人物"选项，同时选择2选项，此时即可看到图片预览区显示"人物"类别和评级2的图片。

高手点拨

如果图片不需要设置评级，最简单的方法就是选中已经设置评级的图片，然后按【Ctrl+0】组合键，即可将评级取消。

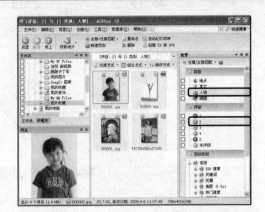

6.3.3 制作视频

使用 ACDSee 除了可以浏览图片以外，还能够用来制作简单的视频，具体操作步骤如下：

第1步 创建视频 ❶ 打开 ACDSee 软件，单击"创建"按钮。❷ 在弹出的下拉列表中选择"创建视频或 VCD"选项。

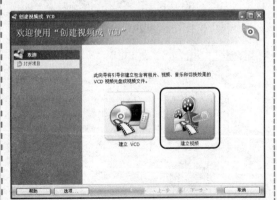

第2步 单击"建立视频"按钮 在打开的窗口中单击"建立视频"按钮。

第3步 添加图片 打开"编辑节目"窗口，在窗口左侧的任务窗格中单击"添加图像"链接。

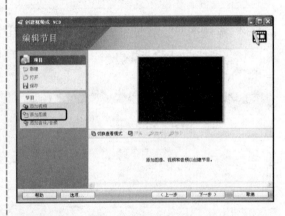

第4步 选择图片 在弹出的"添加图像"对话框中选择要添加的图片，单击"打开"按钮。

第5步 添加音乐/音频 返回"编辑节目"窗口，在窗口左侧的任务窗格中单击"添加音乐/音频"链接。

第6步 选择音乐 ❶ 在弹出的对话框中选择要添加的音乐。❷ 单击"打开"按钮。

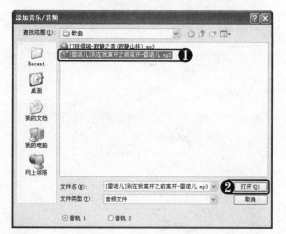

第7步 显示添加的音乐 返回"编辑节目"窗口，此时可以看到添加后的音乐。

第8步 设置效果 右击需要编辑的图片，在弹出的快捷菜单中选择"设置效果"命令。

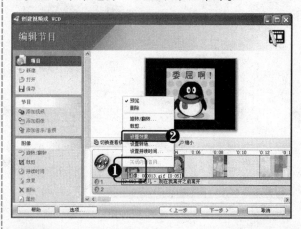

第9步 选择效果 ❶ 弹出"效果"对话框，在"可用"列表框中选择"镜像"选项。❷ 单击"确定"按钮。

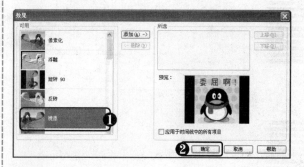

第10步 添加效果 此时可以在"所选"列表框中看到刚才添加的效果，单击"确定"按钮。

第11步 设置转场 返回"编辑节目"窗口，右击需要编辑的图片，在弹出的快捷菜单中选择"设置转场"命令。

问：使用 ACDSee 可以创建幻灯片吗？

答：是可以的，在 ACDSee 窗口中选择"创建"|"创建 PPT"命令，即可按照向导进行创建。

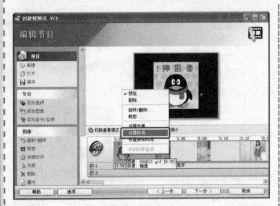

第12步 选择转场效果 ❶ 弹出"转场"对话框，在"所选"列表框中选择转场效果。❷ 单击"确定"按钮。

新手巧上路

问：在 ACDSee 中怎么全屏幕显示图片？

答：只需要在窗口中按【Ctrl+Shift+F】组合键即可全屏幕显示图片。

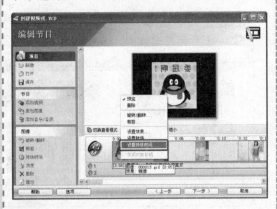

第13步 设置持续时间 返回"编辑节目"窗口，右击需要编辑的图片，在弹出的快捷菜单中选择"设置持续时间"命令。

第14步 编辑持续时间 ❶ 弹出"图像持续时间"对话框，拖动"持续时间"右侧滑块来调节时间。❷ 单击"确定"按钮。

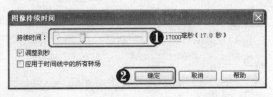

第15步 设置其他图片 返回"编辑节目"窗口，按照上面操作步骤对其他图片进行编辑，之后单击"下一步"按钮。

第16步 "保存视频/项目"窗口 ❶ 弹出"保存视频/项目"窗口，设置"输出文件名"选项。❷ 单击"下一步"按钮。

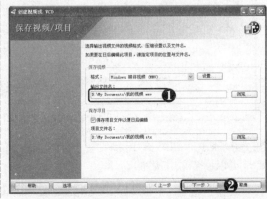

 高手点拨

ACDSee 软件可以制作简易的视频，如果用户要求较高，可以采用其他视频制作软件。

第17步 保存视频 弹出"保存视频"对话框，并显示保存进度。

第18步 完成保存 稍后即可保存成功,单击"退出"按钮。

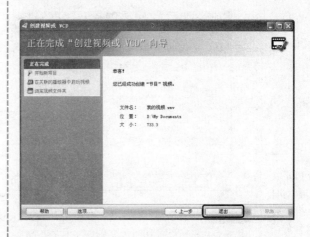

6.4 阅读软件 Adobe Reader

Adobe Reader 是美国 Adobe 公司开发的一款优秀的 PDF 文档阅读软件,可以用来查看、阅读和打印 PDF 文档,因其功能强大,受到了众多人的青睐。

6.4.1 安装 Adobe Reader

在使用 Adobe Reader 之前,首先要进行安装,安装 Adobe Reader 的具体操作步骤如下:

第1步 双击安装程序 找到 Adobe Reader 安装程序,双击 Adobe Reader 图标进行安装。

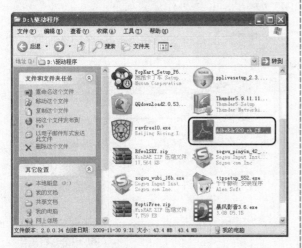

第2步 进行配置 弹出"操作系统和硬件配置"对话框,并显示处理进度条。

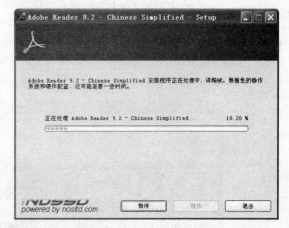

第3步 选择目的地文件夹 ❶ 在打开的对话框

中单击"更改目标文件夹"按钮，选择目的地文件夹。❷ 单击"下一步"按钮。

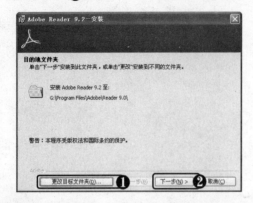

第5步 安装软件 弹出"正在安装 Adobe Reader 9.2"对话框，并显示安装进度条。

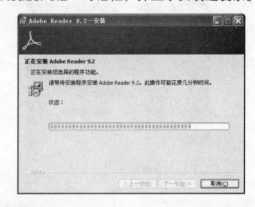

第4步 准备安装 弹出"已做好安装程序的准备"对话框，单击"安装"按钮。

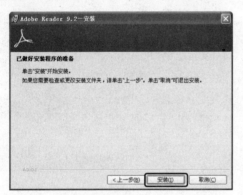

第6步 安装完成 弹出"安装完成"对话框，单击"完成"按钮。

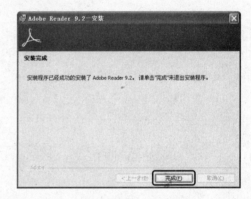

6.4.2 使用 Adobe Reader

安装 Adobe Reader 后，就可以查看 PDF 文档了，具体操作步骤如下：

第1步 启动 Adobe Reader 双击桌面上的 Adobe Reader 快捷方式图标，打开 Adobe Reader 软件。

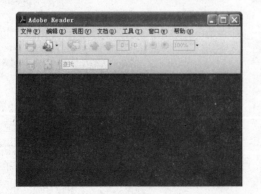

第2步 调整位置 在 Adobe Reader 窗口中选择"文件"|"打开"命令。

第3步 选择文件 ❶ 弹出"打开"对话框，选择要打开的文件。❷ 单击"打开"按钮。

第4步 阅读 PDF 文件 此时即可在 PDF 软件中阅读刚打开的文件。

第5步 页面跳转 在"导览面板"中单击"页面"按钮，打开缩略图图像界面，使用缩略图可跳转到指定页面。

第6步 页面滚动 在窗口中选择"视图"|"自动滚动"命令。

第7步 自动滚动 此时页面开始自动滚动。

第8步 全屏模式 在窗口中选择"窗口"|"全屏模式"命令，即可全屏阅读文件。

6.5 光影魔术手

　　光影魔术手（nEO iMAGING）是一款对数码照片画质进行改善及效果处理的软件。利用光影魔术手可以制作精美相框、艺术照以及专业胶片效果等，是国内一款功能强大，且简单易用的图像处理软件。

　　光影魔术手的安装跟其他软件安装方法类似，在此不再赘述，下面将详细介绍光影魔术手的使用方法。

第1步 启动软件　双击桌面"光影魔术手"快捷方式图标，启动软件。

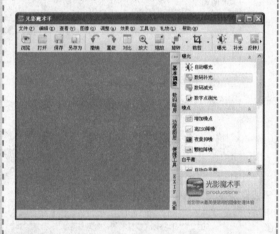

第2步 选择"打开"选项　在打开的窗口中选择"文件"|"打开"命令。

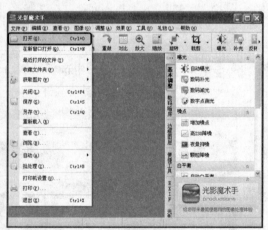

高手点拨

Photoshop 也是一款很优秀的图片处理软件。

第3步 选择图片　❶ 在打开的对话框中选择图片。❷ 单击"打开"按钮。

第4步 基本调整　❶ 单击"基本调整"选项卡，在选项卡下可以对曝光、噪点以及白平衡等进行设置。❷ 在"高级设置"选项区中单击"色阶"按钮。

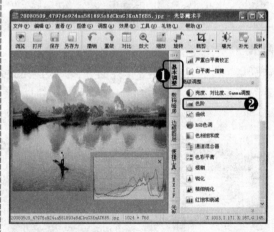

第5步 "色阶调整"对话框　❶ 弹出"色阶调整"对话框，在其中可通过拖动三角滑块调整色阶。❷ 单击"确定"按钮。

第6步 **数码暗房** ❶ 单击"数码暗房"选项卡，在选项卡下可以对胶片效果、人像处理等进行设置。❷ 在"人像处理"选项区域中选择"影楼风格"选项。

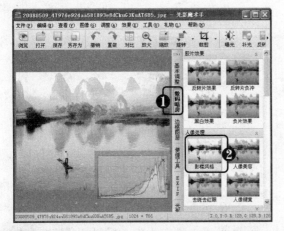

第7步 **"影楼人像"对话框** ❶ 弹出"影楼人像"对话框，在其中单击"色调"右侧的下拉按钮，在弹出的下拉列表中选择要设置的色调。❷ 调整"力量"滑块进行设置"力量"。

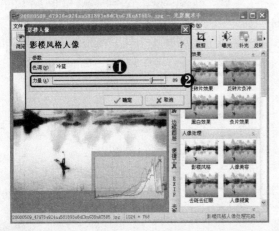

第8步 **边框图层** ❶ 单击"边框图层"选项卡，在该选项卡下可以对边框和图层等进行设置。❷ 例如在"边框合成"选项区域中选择"撕边边框"选项。

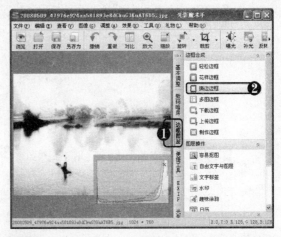

第9步 **"撕边边框"对话框** ❶ 打开"撕边边框"对话框，在其中选择需要设置的边框样式。❷ 单击"底纹颜色"色块，设置边框颜色。❸ 单击"确定"按钮。

第10步 **最终效果** 对图片处理以后，即可看到设置后的效果。

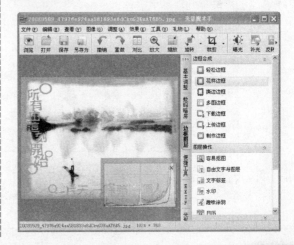

6.6 金山词霸

金山词霸是由金山公司推出的一款词典类软件，最新版的金山词霸除了继承早先版本的取词、查词和查句功能以外，还新增了全文翻译、网页翻译和覆盖新词、流行词查询的网络词典等功能。下面我们就来学习如何使用金山词霸。

第1步 下载软件 ❶ 启动 IE 浏览器，在地址栏中输入金山词霸网站网址：http://cp.iciba.com/，按【Enter】键打开网页。❷ 单击"金山词霸最新免费版发布 立即下载>> "链接。

提示您

如果用户对金山词霸的界面不满意，还要以根据需要更换界面皮肤。

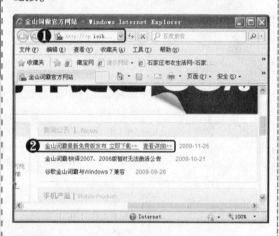

第2步 安装金山词霸 双击安装程序，打开"谷歌金山词霸合作版 2.0 安装"对话框，按照操作提示进行安装。

多学点

金山词霸支持在线自动更新功能，实时扩充修补词库。

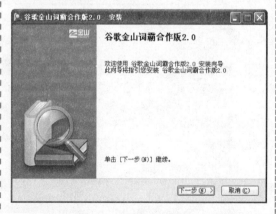

第3步 启动金山词霸软件 双击桌面的"谷歌金山词霸合作版 2.0"快捷方式的图标，启动该软件。

第4步 输入搜索内容 ❶单击"词典"选项卡。❷ 在搜索栏中输入要搜索内容的关键字。❸ 单击"搜索"按钮 🔍。

第5步 搜索结果　搜索完毕后在金山词霸中显示搜索结果。

第6步 翻译　❶单击"翻译"选项卡。❷ 在"文本及网页翻译"下的文本框内输入要翻译的中文。❸ 单击"文本翻译"按钮。

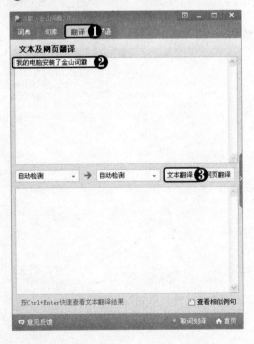

第7步 显示翻译结果　此时会在下方的文本框内显示翻译结果。

第8步 英译汉　除了可以将中文翻译成英文外，还可以输入英文，单击"文本翻译"按钮，将其翻译成中文。

第9步 输入搜索内容 单击"汉语"选项卡。在搜索文本框中输入要搜索的内容。单击"搜索"按钮。

第10步 显示搜索结果 在搜索结果中单击"成语词典"选项卡，此时即可查看相关内容。

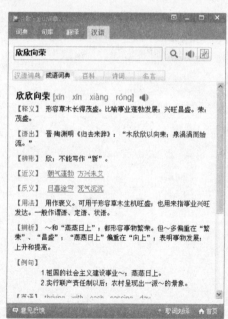

第11步 单击"百科"选项卡 单击"百科"选项卡，此时即可查看有关"欣欣向荣"的相关信息。

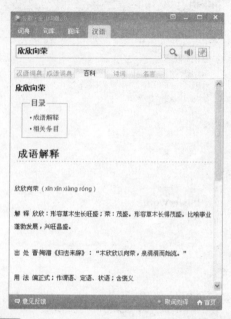

第12步 单击"名言"选项卡 单击"名言"选项卡，在该选项卡下即可查看相关名言。

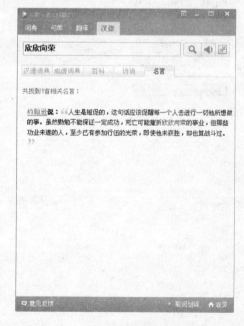

第7章

常用娱乐软件

章前导读

随着电脑的普及，娱乐软件也逐渐风靡了起来，例如千千静听、酷狗音乐盒以及暴风影音等，在闲暇之余，人们就可以利用它们来听音乐和看电影。本章就来介绍一下这些常用的娱乐软件。

✔ 千千静听
✔ 酷狗音乐播放器
✔ 暴风影音

小神通，听说在电脑上不仅可以听歌，还可以观看电影，是这样的吗？

没错，在电脑上用户可以借助一些娱乐软件来做到这些，而且操作起来还很方便呢！

其实，这些娱乐软件大多都比较专业，有专门播放音乐的软件，也有专门播放电影的软件，并且这些软件都能很好地与操作系统兼容，因此受到了众多人的喜爱。

7.1 千千静听

千千静听是一款免费的并且支持多种音频格式的纯音频媒体播放软件，因其具有小巧精致、操作简捷、功能强大的特点，深得用户喜爱，千千静听能播放的音频格式主要包括 MP3/mp3PRO、AAC/AAC+、M4A/MP4、WMA 等。

7.1.1 安装千千静听

提示您

千千静听在安装时会安装一些插件，如果用户不想安装，在安装千千静听时取消插件安装选项即可。

千千静听的具体安装步骤如下：

第1步 下载软件 ❶ 启动 IE 浏览器，在地址栏中输入网址 http://ttplayer.qianqian.com/，打开千千静听网站主页。❷ 在打开的页面中单击"立即下载"按钮。

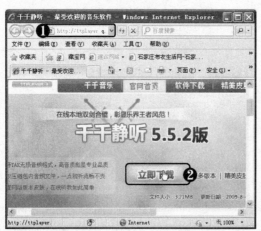

第2步 双击安装程序 找到下载好的安装程序，双击进行安装。

多学点

千千静听支持高级采样频率转换（SSRC）和多种比特输出方式，并具有强大的回放增益功能。

第3步 "欢迎使用千千静听 5.5.2 安装程序"对话框 弹出"欢迎使用千千静听 5.5.2 安装程序"对话框，在其中单击"开始"按钮。

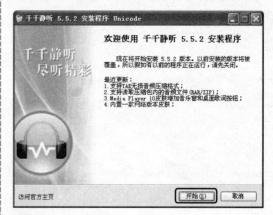

第4步 "许可证协议"对话框 此时会弹出"许可证协议"对话框，在其中单击"我同意"按钮。

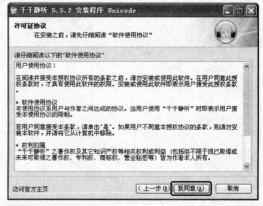

第5步 "选择组件"对话框 ❶ 弹出"选择组件"对话框，在其中选择要安装的组件。❷ 单击"下一步"按钮。

第6步 "目标文件夹"对话框 ❶ 弹出"目标文件夹"对话框，单击"浏览"按钮，选择要安装的目标文件夹。❷ 单击"下一步"按钮。

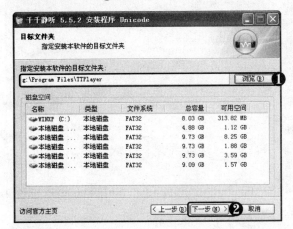

第7步 "附加任务"对话框 ❶ 弹出"附加任务"界面，选择"我的桌面"复选框。❷ 单击"下一步"按钮。

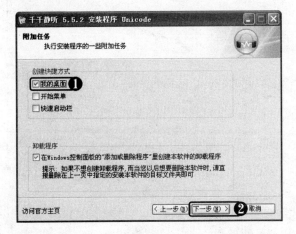

第8步 安装程序 稍后开始安装，并显示安装进度条。

第9步 完成安装 稍后即可完成安装，单击"完成"按钮。

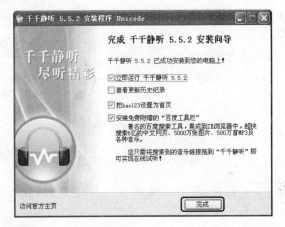

第10步 千千静听界面 安装好千千静听以后，即可看到千千静听软件主界面。

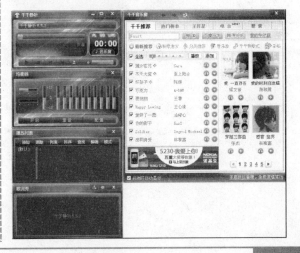

外行学电脑傻瓜书

 高手点拨

在安装千千静听播放器时，选择的组件尽量采用默认设置，对于一些确信不用安装的组件可以取消，一般情况下，取消一些组件的安装后，会影响对千千静听的一些设置。

电脑小专家

问：在安装千千静听新版本之前需要卸载旧版本吗？

答：不用，直接覆盖安装就可以了，千千静听可以兼容以前的很多设置。

新手巧上路

问：什么是文件标签？

答：文件标签就是指歌曲文件的标题、艺术家等信息。

7.1.2 设置千千静听

设置千千静听的具体操作步骤如下：

第1步 选择"千千选项"选项 打开千千静听软件，在主界面上右击，在弹出的快捷菜单中选择"千千选项"命令。

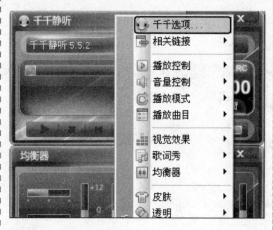

第2步 常规设置 在弹出的对话框中选择"常规"选项，可对命令运行方式、软件更新等进行设置。

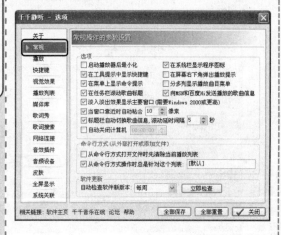

第3步 播放设置 选择"播放"选项，可在播放、声音淡入淡出等选项区域中进行适当的设置。

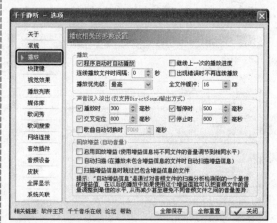

第4步 快捷键设置 选择"快捷键"选项，可对千千静听常用的一些快捷键进行设置。

第5步 视觉效果设置 选择"视觉效果"选项，可对视觉效果类型、频谱分析等进行相关的设置。

118 从零点起飞 步步为营

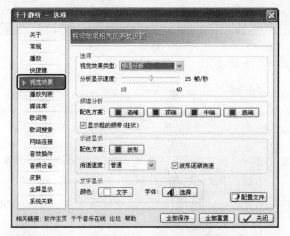

第6步 **播放列表设置**　选择"播放列表"选项，可在显示、标题格式等选项区域进行相关的设置。

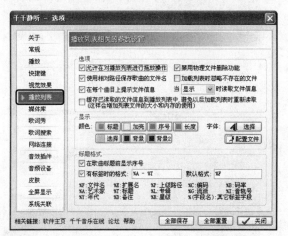

第7步 **歌词秀设置**　选择"歌词秀"选项，可分别在"窗口模式"选项卡、"桌面模式"选项卡中进行相关的设置。

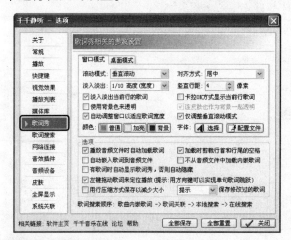

第8步 **网络连接设置**　选择"网络连接"选项，

可在代理服务器、千千网络歌曲等选项区域中进行设置。

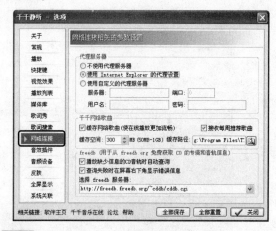

第9步 **皮肤设置**　选择"皮肤"选项，选择需要设置的皮肤，单击"应用"按钮。

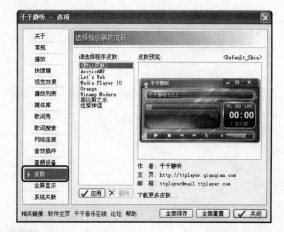

第10步 **全屏显示设置**　选择"全屏显示"选项，可在视觉效果与歌词同屏显示、歌词全屏显示等选项区域中进行设置。

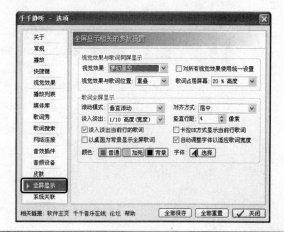

7.1.3 播放歌曲

使用千千静听播放歌曲的具体操作方法如下:

第1步 选择"文件"选项 打开千千静听播放器,在"播放列表"窗格中选择"添加"| "文件"命令。

第3步 单击"播放"按钮 此时即可看到已经将歌曲添加到了播放列表中,单击"播放"按钮。

第2步 选择文件 ❶ 弹出"打开"对话框,从中选择所需添加的歌曲。❷ 单击"打开"按钮。

第4步 播放音乐 此时千千静听开始播放音乐,并在"歌词秀"窗格中显示歌曲的歌词。

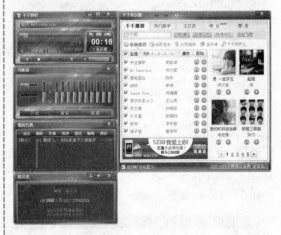

7.2 酷狗音乐播放器

KuGoo 是中国最大也是最专业的 P2P 音乐共享软件,拥有超过数亿的共享文件资料,最新版本的酷狗音乐软件界面更简洁,功能更强大,受到了众多用户的欢迎和肯定。下面就来认识一下酷狗音乐播放器。

酷狗音乐软件的安装方法类似于千千静听,在此不再赘述,使用酷狗音乐播放器播放音乐的具体操作步骤如下:

第1步 启动酷狗　双击桌面上酷狗快捷方式图标，打开软件。

第2步 添加歌曲　❶ 单击"播放列表"选项卡。❷ 在"播放列表"选项卡下单击"添加"按钮。

第3步 选择歌曲　❶ 弹出"打开"对话框，从中选择所需添加的歌曲。❷ 单击"打开"按钮。

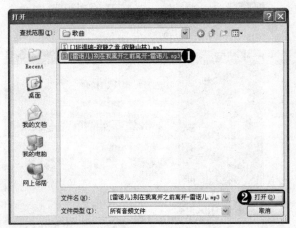

第4步 播放音乐　此时即可看到歌曲被添加到了播放列表中，单击"播放"按钮▷播放音乐。

第5步 搜索音乐　❶ 单击"音乐搜索"选项卡。❷ 在搜索文本框中输入要搜索的歌曲。❸ 单击"音乐搜索"按钮。

第6步 搜索结果　稍后即可显示出搜索结果，选择想要听的歌曲，然后单击"试听"按钮。

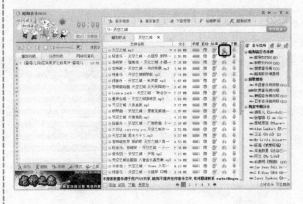

第7步 **播放歌曲** 此时酷狗音乐播放器开始播放歌曲，并显示歌曲歌词。

第8步 **网络收音机** ❶ 单击"网络收音机"选项卡。❷ 在选项卡下的节目列表中选择想要收听的节目。

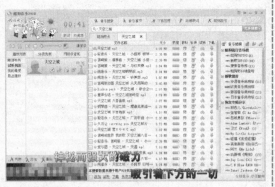

电脑小专家

问：KuGoo 具有聊天功能吗？

答：KuGoo 具备聊天功能，并且还可以与好友共享传输文件。

 高手点拨

对于比较喜欢听的歌曲，用户可以将其添加到"我的最爱"列表中。

7.3 暴风影音

暴风影音是一款专业的视频播放软件，掌握了超过 500 种视频格式的支持方案，暴风影音因其超强的功能和简单易用等特点，成为中国互联网用户观看视频的首选。

7.3.1 安装暴风影音

新手巧上路

问：暴风影音可以选择声道吗？

答：当然，在窗口中单击"主菜单"按钮，在弹出的菜单中选择"播放"|"声道选择"命令，在展开的子菜单中选择声道即可。

安装暴风影音的具体操作步骤如下：

第1步 **双击安装程序** 找到下载好的安装程序，对其双击进行安装。

第2步 **欢迎安装** 在打开的对话框中单击"下一步"按钮。

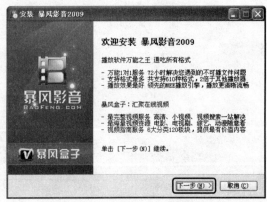

第3步 **许可证协议对话框** 打开许可证协议对话框，单击"我接受"按钮。

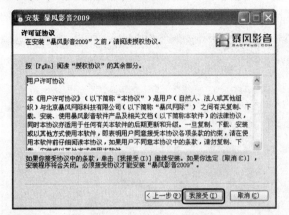

第4步 **选择组件和快捷方式** ❶ 弹出选择组件和需要创建的快捷方式对话框，在其中的"选择组件和快捷方式"右侧框中进行设置。❷ 单击"下一步"按钮。

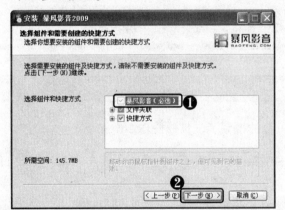

第5步 **选择安装位置对话框** ❶ 弹出选择安装位置对话框，在其中单击"浏览"按钮选择目标文件夹。❷ 单击"下一步"按钮。

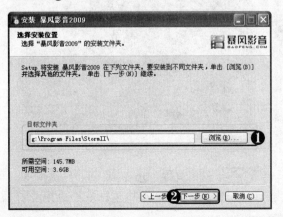

第6步 **免费的百度工具栏对话框** 弹出免费的百度工具栏对话框，在其中用户可根据需要进行选择，单击"安装"按钮。

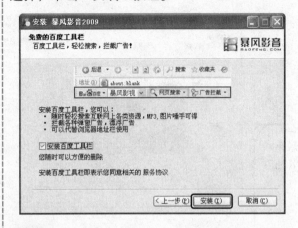

第7步 **正在安装对话框** 弹出正在安装对话框，并显示安装进度条。

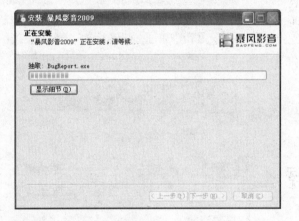

第8步 **暴风影音推荐软件对话框** 稍后弹出暴风影音推荐软件对话框，用户可根据自己的需要进行选择，单击"下一步"按钮。

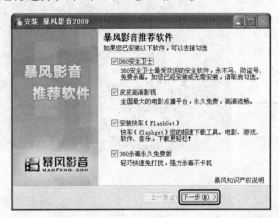

第9步 皮肤外观对话框 ❶ 弹出皮肤外观对话框，选中需要设置皮肤的单选按钮。❷ 单击"下一步"按钮。

第10步 完成安装 安装完成后，单击"完成"按钮。

提示您

暴风影音内部捆绑有其他插件，在进行安装时需要用户注意是否需要安装这些插件。

 高手点拨

在安装新版的暴风影音时，加入了自动弹窗、自动运行甚至一些隐蔽的进程，并将暴风广告放入了用户桌面，伴随着这些"新特性"的出现，使得用户越来越难将其完全卸载。

7.3.2 使用暴风影音

在电脑上安装暴风影音软件后，就可以播放视频了，具体操作步骤如下：

第1步 启动暴风影音软件 双击桌面上的"暴风影音"快捷方式图标，启动软件。

多学点

暴风盒子的正式上线，标志着暴风影音完成了从播放软件到全能播放平台的升级。

菜单"按钮。❷ 在弹出的下拉菜单中选择"打开文件"命令。

第2步 选择"打开文件"选项 ❶ 单击"主

第3步 选择文件 ❶ 弹出"打开"对话框，在其中选择要打开的文件。❷ 单击"打开"按钮。

第4步 播放电影 此时暴风影音开始播放电影。

第5步 设置皮肤 ❶ 在窗口中单击"主菜单"按钮。❷ 在弹出的下拉菜单中选择所要设置的皮肤。

第6步 设置效果 此时即可看到设置后的效果。

第7步 选择"高级选项"选项 ❶ 单击"主菜单"按钮。❷ 在弹出的下拉菜单中选择"高级选项"命令。

第8步 "高级选项"对话框 弹出"高级选项"对话框，此时用户可以在其中进行相应的设置。

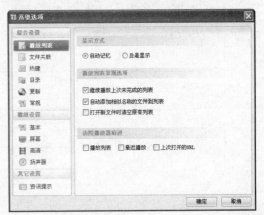

第9步 暴风盒子 单击"影视"按钮 ，可展开或关闭"暴风盒子"窗格，在"暴风盒子"窗格中可以选择影视或者咨询等。

第10步 观看影视 在"暴风盒子"窗格中选择《暮色2新月》TC版"链接，单击右侧的"播放"按钮。

高手点拨

按【Ctrl+O】组合键即可快速弹出"打开"对话框。

● 学习笔录

第8章

文字处理大师——Word 2007

章前导读

Word 是美国微软公司开发的 Office 办公套件中的一款文字处理软件，用户可以在 Word 中轻松地处理文字格式、编排段落以及设置页面布局等，由于 Word 功能强大，并且简单易学，因此它已成为了办公的首选文字处理软件。

- ✓ 认识 Word 2007 操作界面
- ✓ Word 2007 的基本操作
- ✓ 查找与替换文本
- ✓ 设置文本与段落格式
- ✓ 表格的应用
- ✓ 插入对象
- ✓ 页面设置

小神通，听说 Word 2007 功能很强大，使用 Word 都能做些什么呢？

Word 2007 能做的事有很多，在 Word 文档中，我们可以轻松设置文本的格式，设置段落，插入表格和一些好看的图片等。

是的，但是 Word 的功能远远不止这些，现在有一种"无纸办公"的说法，要实现真的"无纸"，Word 的使用是必不可少的，并且现在掌握 Word 已经成为了电脑操作的基本技能之一。

8.1 认识 Word 2007 操作界面

启动 Word 2007 后，即可进入其工作主窗口，Word 2007 较 Word 2003 而言，界面有了较大的改观，下面就来认识一下 Word 2007。

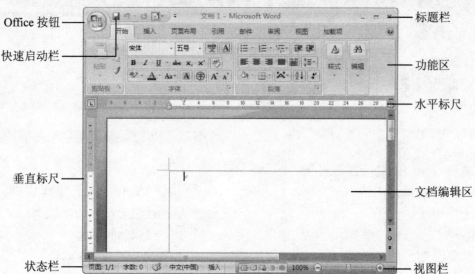

1．Office 按钮

Office 按钮位于界面的左上角，单击"Office 按钮"即可弹出下拉面板，在弹出的下拉面板中通过选择不同的菜单项，将实现不同的操作，如右图所示。

2．快速启动栏

"快速启动栏"主要包括常用工具图标，用户可以根据需要添加其他的图标，如右图所示。

3．标题栏

标题栏位于窗口的最上面，用来显示当前窗口的名称，在标题栏右侧还有 3 个按钮，从左到右依次为"最小化"、"最大化/还原"和"关闭"，如下图所示。

4．功能区

"功能区"位于标题栏的下方，由选项卡、组和命令组成，单击不同选项卡将切换到不同的面板中，在选项面板中选择不同菜单项将完成不同功能。

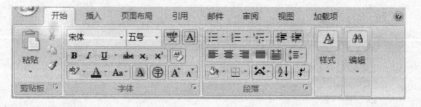

5. 文档编辑区和标尺

"文档编辑区"主要用来编辑和处理文字、图片和表格等，标尺则是用来调整表格或者其他对象在文档中的位置。

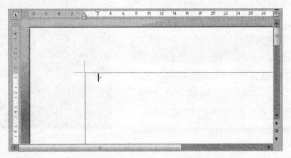

6. 状态栏

状态栏位于工作界面左下角，主要用于显示文档页数、字数等信息，如下图所示。

7. 视图栏

视图栏位于状态栏的右侧，用于切换视图的显示方式等，如右图所示。

8.2 Word 2007 的基本操作

要想使用 Word 2007，就必须先掌握它的基本操作方法，包括如何启动和退出 Word 文档以及对文本的输入和设置等。

8.2.1 Word 2007 的启动与退出

1. 启动 Word 2007

启动 Word 2007 的方法有多种，常用的启动方法有 3 种：

方法一：通过"开始"菜单启动	方法二：通过已有文档启动
❶ 单击"开始"按钮。❷ 在弹出的"开始"菜单中选择"所有程序"|Microsoft Office|Microsoft Office Word 2007 命令。	双击一个已经创建好的 Word 文档，进行启动。

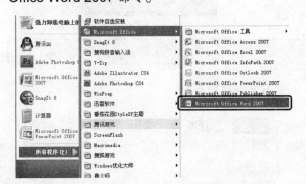

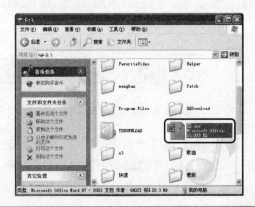

方法三：通过快捷方式启动

双击桌面上的 Microsoft Office Word 2007 快捷方式图标，启动 Word 文档，如右图所示。

高手点拨

如果桌面上没有 Word 文档快捷方式，可以通过在桌面上右击，在弹出的快捷菜单中选择"新建" | "快捷方式"命令进行创建。

电脑小专家

问：有时在输入拼音后，需要的汉字并没有在提示框中，怎么办呢？

答：不是的，在 Word 2007 中提供了很多模板，用户可以根据已有的模板来创建。

2. 退出 Word 2007

当用户完成对文档的编辑后，就需要退出 Word。常用退出 Word 2007 的方法有 3 种：

方法一：从 Office 菜单中退出

❶ 单击 Office 按钮。❷ 在弹出的面板中单击"退出 Word"按钮。

方法二：通过"窗口控制"按钮

单击窗口右上角的"关闭"按钮，即可退出 Word 2007。

方法三：使用快捷菜单退出

右击任务栏中的 Word 文档图标，在弹出的快捷菜单中选择"关闭"命令，即可退出 Word 2007，如右图所示。

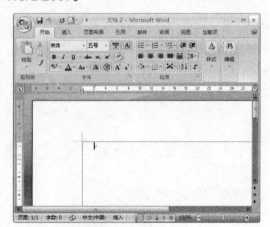

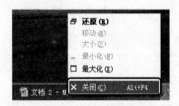

新手巧上路

问：能不能快速的退出 Word 2007？

答：可以的，按【Alt+F4】组合键即可退出。

8.2.2 新建 Word 文档

新建 Word 文档的操作方法比较简单，下面进行具体介绍。

第1步 选择"新建"选项 ❶ 单击 Office 按钮。❷ 在弹出的面板中选择"新建"选项。

第2步 选择类型 弹出"新建文档"对话框，默认选择"空白文档"选项，单击"创建"按钮。

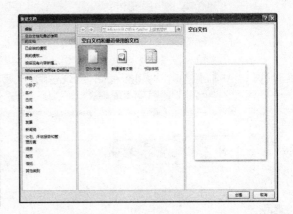

8.2.3 输入文本

在 Word 2007 中输入文本是最基本的操作，具体操作步骤如下：

第1步 **新建文档** 新建 Word 空白文档。

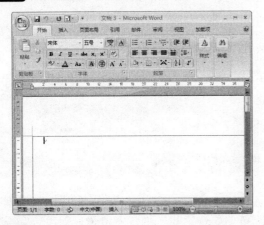

第2步 **输入文本** 此时可以看到在文档编辑区出现一个闪烁的光标，在光标闪烁处输入文本。

第3步 **换行** 如果需要另起一行输入文本，按【Enter】键即可实现换行操作。

第4步 **输入其他文本** 换行后可以继续输入文本。

高手点拨

使用方向键同样可以定位和移动插入点：按【←】或【→】键可将插入点向左或向右移动一个字符；按【↑】或【↓】键可将插入点向上或者向下移动一个字符；按【Ctrl+←】或【Ctrl+→】组合键，可将插入点向左或者向右移动一个词；按【Ctrl+↑】或【Ctrl+↓】组合键可将插入点移动到段首或者段尾。

8.2.4 选定文本

提示您

换行有两种方式：按【Enter】键表示另起一段，按【Shift+Enter】组合键表示另起一行。

对文本进行操作时，往往需要先选中文本，具体操作方法如下：

第1步 **打开文档** 打开光盘中存储的"素材\第8章\在职训练学员意见调查.docx"件。

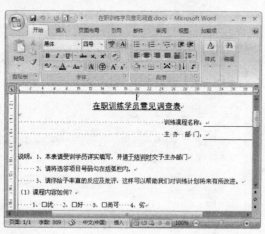

第3步 **选定一行文本** 将鼠标指针移至文档窗口和文本中间空白处。当鼠标指针呈现⇗形状时，单击即可选定鼠标所在的那一行。

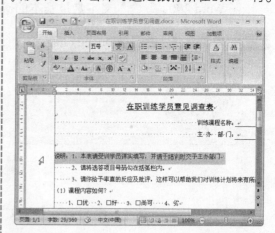

第2步 **选定任意文本** 在要选定的文本开始处按住鼠标左键。拖动鼠标至要选中文本最后一个字符处。

多学点

在需要选择的段落中定位插入点，然后连续单击3次即可选中该段。

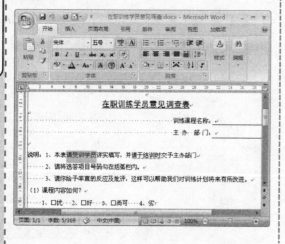

第4步 **选定一句话** 按住【Ctrl】键的同时，单击要选定句子的任意位置，即可选定一句文本。

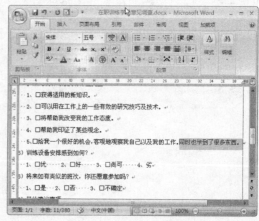

第5步 选定多处连续的文本　将鼠标指针定位在要选中的文本的第一个字符前。按住【Shift】键,然后将鼠标指针移动到要选中的文本的最后一个字符后,单击即可选中多处连续的文本。

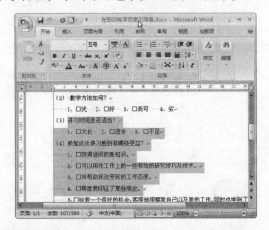

第6步 选定多处不连续的文本　首先选择第一处要选择的文本,按住【Ctrl】键不放,依次选择要选择的文本,之后释放【Ctrl】键即可。

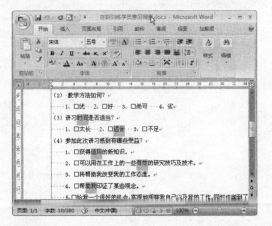

第7步 选定全部文本　单击文档中的任意位置,按【Ctrl+A】组合键即可选定全部的文本。

第8步 选择文本块　按住【Alt】键,然后在要选择的文本块的左上角单击,然后拖动鼠标至文本块右下角即可。

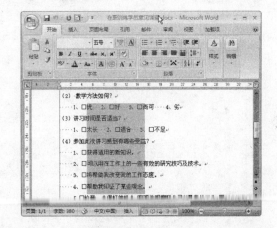

 高手点拨

　　按住【Shift】键的同时,按【←】、【→】、【↑】、【↓】键也可以选择相应的文本,但是使用此种方法选择的文本不一定是用户所需要的。

8.3　查找与替换文本

　　在 Word 2007 中,查找与替换文本是用户经常要使用的操作,除了常规的文本可以使用查找和替换操作以外,一些特殊符号也可以使用查找和替换功能。

8.3.1 查找文本

查找文本的具体操作方法如下：

第1步 **打开文档** 打开光盘中存储的"素材\第8章\物资管理办法.docx"文件。

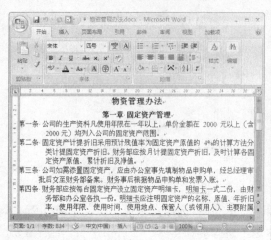

第2步 **单击"查找"按钮** ❶ 单击"开始"选项卡。❷ 在"编辑"组中单击"查找"按钮。

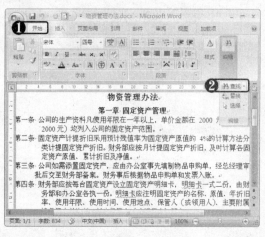

第3步 **"查找和替换"对话框** 弹出"查找和替换"对话框，在"查找内容"列表框中输入需要查找的文本。

第4步 **突出显示** 单击"阅读突出显示"按钮，在弹出的下拉列表中选择"全部突出显示"选项。

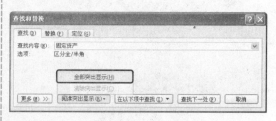

第5步 **显示查找数量** 在"查找和替换"对话框中显示查找数量，单击"关闭"按钮。

第6步 **显示效果** 此时即可将查找到的文本全部突出显示。

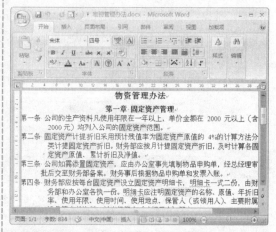

高手点拨

Word 2007 中提供的查找功能可以帮助用户迅速找到自己需要的内容，并且还可以通过诸如突出显示操作将其标注出来，以方便查看。

8.3.2 替换文本

如果需要将查找出来的文本进行替换，用户可以使用替换功能，具体操作方法如下：

第1步 选择"替换"选项 ❶ 单击"开始"选项卡。❷ 在"编辑"组中单击"替换"按钮。

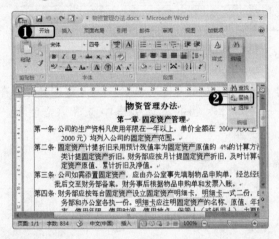

第2步 设置替换内容 ❶ 弹出"查找和替换"对话框，分别在"查找内容"和"替换为"列表框中输入内容。❷ 单击"查找下一处"按钮。

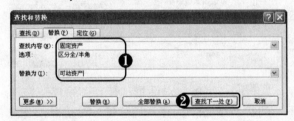

第3步 单击"替换"按钮 单击"替换"按钮，此时可完成对第一处文本的替换。

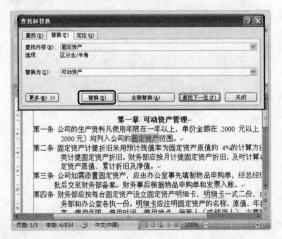

第4步 单击"全部替换"按钮 若想一次性全部替换，只需单击"全部替换"按钮。

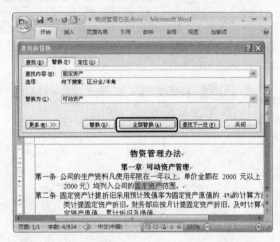

第5步 显示提示信息框 弹出 Microsoft Office Word 提示信息框，单击"是"按钮。

第6步 完成替换 完成替换后弹出 Microsoft Office Word 提示信息框，并显示替换文本的数量，单击"确定"按钮。

 **高手点拨**

单击"全部替换"按钮会将所有查找的文本替换为想要替换的内容。

8.4 设置文本及段落格式

当录入一篇文档后，为了使文档更加美观和条理清晰，往往还需要对文本及段落格式进行设置。

8.4.1 设置字体格式

设置字体格式的具体操作方法如下：

第1步 打开文档 打开光盘中存储的"素材\第8章\背影.docx"文件。

第2步 设置字体 选择需要设置的文本，在"字体"组的字体列表中选择需要使用的字体。

第3步 设置字体颜色 ❶ 在"字体"组中单击"字体颜色"下拉按钮。❷ 在弹出的下拉面板中选择需要设置的颜色。

第4步 "字体"对话框 单击"字体"组中的扩展按钮，打开"字体"对话框，在对话框中可以对字体进行其他的设置。

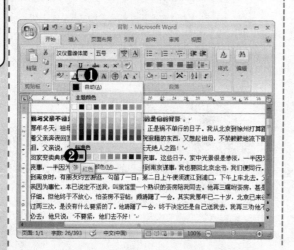

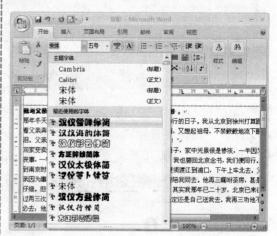

高手点拨

　　对文本进行相应设置后，如果其他地方文本也要应用到相同的设置，此时可以选中刚才设置的文本，在"开始"选项卡下单击"剪贴板"组中的"格式刷"按钮，在想要设置的文本上按住鼠标左键不放，进行拖动即可。

8.4.2 设置段落格式

　　段落格式决定了一段文本的整体格式，设置段落格式的具体操作方法如下：

第1步 **选择文本**　选择需要设置的文本。

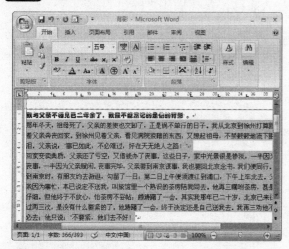

第2步 **设置替换内容**　在选择的文本上右击，在弹出的快捷菜单中选择"段落"命令。

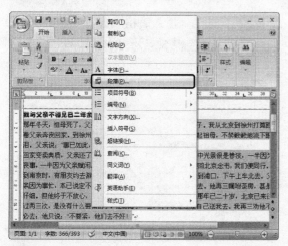

第3步 **段落设置** ❶ 打开"段落"对话框，在"缩进"选项区域中的"特殊格式"下方的下拉列

表框中选择"首行缩进"选项。❷ 单击"确定"按钮。

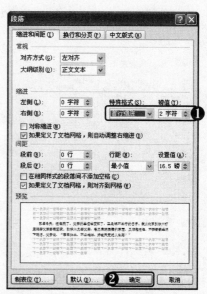

第4步 **设置效果**　此时即可看到设置后的效果。

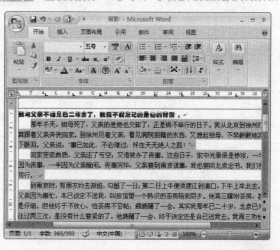

8.5 表格的应用

在 Word 文档中表格的应用也很重要，利用表格不仅可以将大量数据进行规范化整理，还能帮助用户更好地分析数据。

8.5.1 插入表格

表格的插入操作很简单，下面将具体介绍如何在 Word 文档中插入表格，具体操作步骤如下：

1. 自动插入表格

用户可以通过鼠标或者对话框来自动插入表格，具体操作步骤如下：

第1步 新建文档 新建 Word 文档，单击"插入"选项卡。

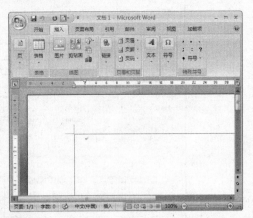

第2步 选择行和列 ❶ 在"表格"组中单击"表格"下拉按钮。❷ 在弹出的下拉面板中"插入表格"选项区中拖动鼠标，选择表格的行和列。

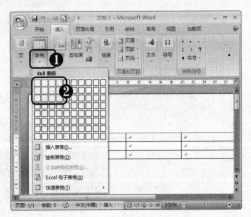

第3步 显示表格 选择完表格的行和列后释放鼠标左键，此时即可在文档中插入相应行和列的表格。

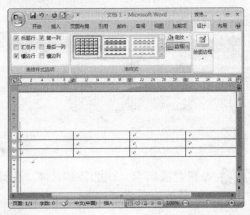

第4步 选择"插入表格"选项 除了使用上述方法插入表格外，还可以通过单击"表格"下拉按钮，在弹出的下拉面板中选择"插入表格"选项来插入表格。

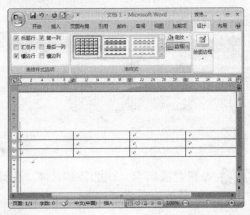

高手点拨

在 Word 中自动插入表格，每个格子都是均匀分布的，而手动绘制表格可以绘制出结构不规则的表格。

2. 手动绘制表格

手动绘制表格的具体操作步骤如下：

第1步 选择"绘制表格"选项 ❶ 单击"插入"选项卡。❷ 在"表格"组中单击"表格"下拉按钮。❸ 在弹出的下拉面板中选择"绘制表格"选项。

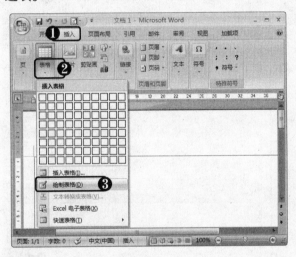

第2步 绘制表格 当鼠标指针呈现 ✏ 形状时，按住鼠标左键不放，在文档的适合位置拖动鼠标进行绘制。

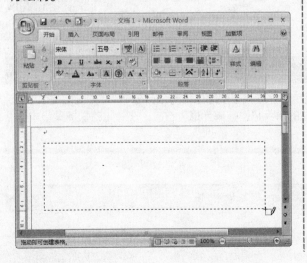

第3步 创建文本框 释放鼠标左键，即可绘制出一行一列的表格。

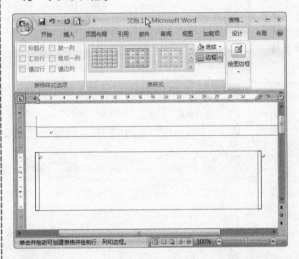

第4步 添加行 将鼠标指针移动到表格的左边界，按住鼠标左键不放，向右边界拖动鼠标，随着鼠标的移动会出现一条虚线。释放鼠标左键即可绘制两行一列的表格。

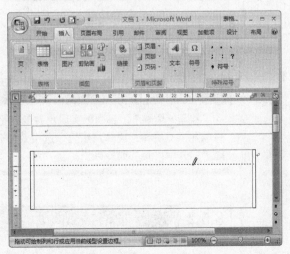

第5步 **绘制其他边框线** 按照上面的方法绘制出表格的其他边框线。

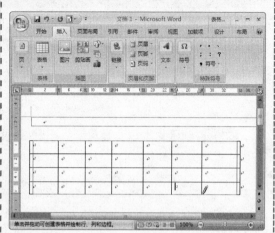

第6步 **选择"擦除"选项。** ❶单击表格内部的任意位置，切换到"设计"选项卡。❷在"绘图边框"组中单击"擦除"按钮。

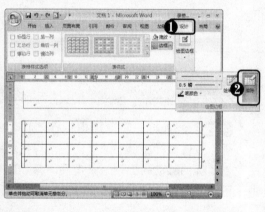

第7步 **擦除边框线** 当鼠标指针呈现✐形

状时，按住鼠标左键不放，在多余的线段上拖动鼠标，鼠标经过的线段就会处于选中状态。

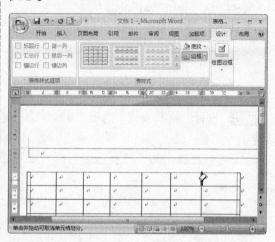

第8步 **完成擦除** 之后释放鼠标左键，即可将此线段擦除了。

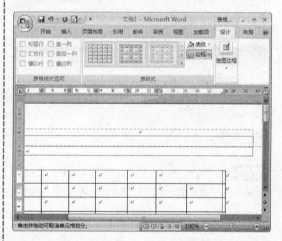

高手点拨

使用"擦除"工具可以实现合并单元格的效果，除了使用这种方法，在 Word 中专门提供了合并单元格的操作，具体方法是：选中要合并的单元格，在单元格上右击，在弹出的快捷菜单中选择"合并单元格"命令即可。

8.5.2 设置表格格式

创建表格后往往还需要对表格格式进行调整，具体操作步骤如下：

第1步 **打开文档** 打开光盘中存储的"素材\第8章\工资统计表.docx"文件。

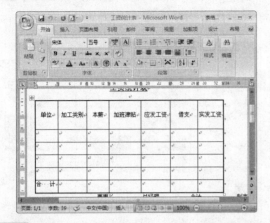

第2步 **选择"边框和底纹"选项** ❶ 在表格中的任意位置单击，并切换到"设计"选项卡。❷ 在"表样式"组中单击"边框"下拉按钮。❸ 在弹出的下拉列表中选择"边框和底纹"选项。

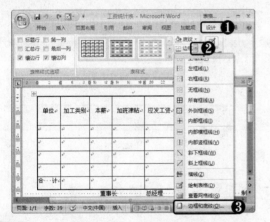

第3步 **"边框和底纹"对话框** ❶ 弹出"边框和底纹"对话框，在"设置"选项区域中选择"方框"选项。❷ 在"样式"下拉列表框中选择"双线"样式。❸ 单击"确定"按钮。

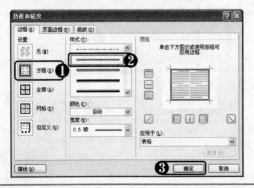

第4步 **设置效果** 稍后即可看到设置边框后的效果。

第5步 **选择单元格** 按住【Ctrl】键不放，依次选择需要设置底纹的单元格。

第6步 **设置底纹** ❶ 在"表样式"组中单击"底纹"下拉按钮。❷ 在弹出的下拉面板中选择需要设置的颜色。

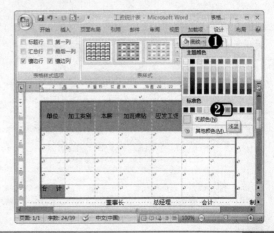

第7步 **设置效果** 此时即可看到设置底纹后的效果。

第8步 **设置外观样式** 在"表样式"组中单击外观样式按钮，在弹出的下拉面板中选择需要设置的外观样式。

提示您

选中插入的图片，单击"格式"选项卡，在"大小"组中可精确改变图片的大小。

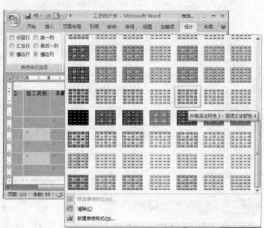

8.6 插入对象

在编辑 Word 文档的过程中，为了避免文档内容的空洞乏味，可以在文档中插入图片、剪贴画等，下面我们就来学习如何在文档中插入对象。

8.6.1 插入图片

在文档中插入图片的具体操作步骤如下：

多学点

选中图片后切换到"格式"选项卡下，在"调整"组中可以设置图片的亮度和对比度。

第1步 **定位光标** 打开光盘中存储的"素材\第 8 章\荷塘月色.docx"文件，将光标定位到合适位置。

第2步 **单击"图片"按钮** ❶ 单击"插入"选项卡。❷ 在"插图"组中单击"图片"按钮。

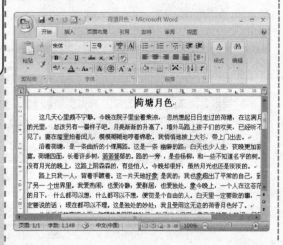

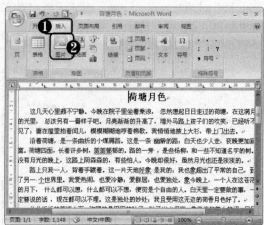

第3步 "插入图片"对话框 ❶ 弹出"插入图片"对话框，单击"查找范围"右侧下拉按钮，选择图片路径。❷ 选择要插入的图片。❸ 单击"插入"按钮。

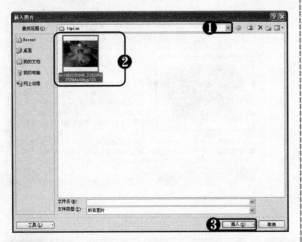

第4步 插入效果 此时即可看到插入图片后的效果。

第5步 设置总体外观样式 在"格式"选项卡下单击"图片样式"组中总体外观样式按钮，在弹出的面板中选择需要设置的样式。

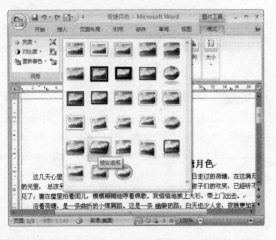

第6步 设置效果 此时即可看到设置总体外观样式后的效果。

第7步 设置图片效果 ❶ 在"图片样式"组中单击"图片效果"下拉按钮。❷ 在弹出的下拉列表中单击"发光"按钮。❸ 在展开的面板中选择需要设置的发光变体。

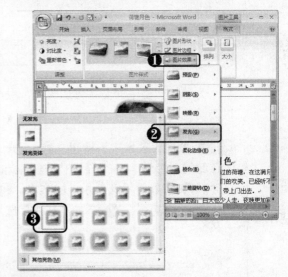

第8步 设置效果 设置图片效果后，即可看到图片的最终效果。

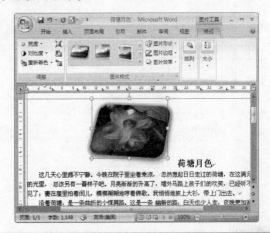

第9步 设置图片位置 ❶ 在"排列"组中单击"位置"下拉按钮。❷ 在弹出的下拉面板中选择要设置的文字环绕方式。

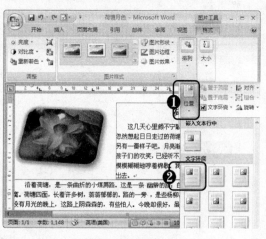

第10步 最终效果 此时即可看到设置图片位置后的效果。

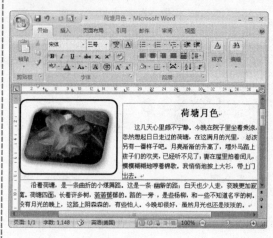

8.6.2 插入艺术字

为了使文档中的文字更加美观，用户可以在文档中插入艺术字，并为艺术字设置效果，进而美化文本。

第1步 单击"艺术字"按钮 ❶ 打开光盘中存储的"素材\第 8 章\西柏坡概况.docx"文件。❷ 选择需插入艺术字的文本。❸ 选择"插入"选项卡。❹ 单击"文本"选项组中的"艺术字"按钮。

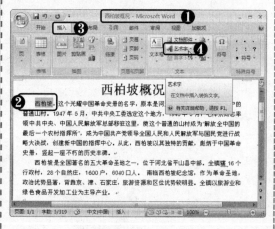

第2步 选择艺术字样式 在打开的下拉艺术字样式库面板中选择需要插入的艺术字样式。

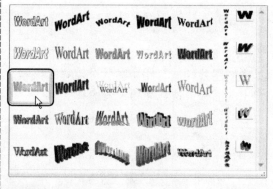

第3步 编辑艺术字文本 ❶ 弹出"编辑艺术字文字"对话框，单击"字体"下拉按钮，设置字体为"华文彩云"。❷ 单击"字号"下拉按钮，设置字号为"48"。❸ 单击"确定"按钮。

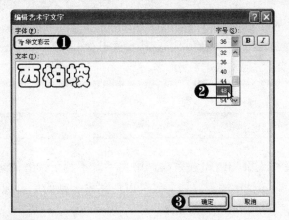

第4步 显示艺术字效果　返回文档中，即可看到插入的艺术字效果。

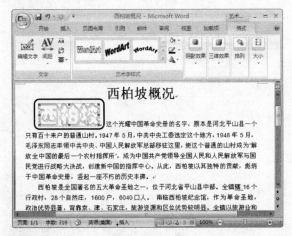

第5步 设置形状填充颜色　❶ 选中艺术字。❷ 选择"格式"选项卡在其中单击"艺术字"选项组中的"形状填充"下拉按钮。❸ 在弹出的颜色面板中选择"红色,强调文字颜色2,单色60%"选项。

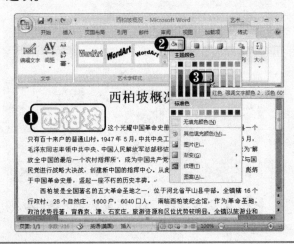

第6步 设置形状轮廓颜色　❶ 单击"形状轮廓"按钮。❷ 在弹出的颜色面板中选择"深红"选项。

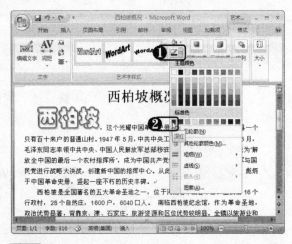

第7步 更改艺术字形状　❶ 单击"更改艺术字形状"下拉按钮。❷ 在弹出的下拉面板中选择"螺旋钮形"选项。

第8步 查看效果　设置完毕后可查看到艺术字的最终效果。

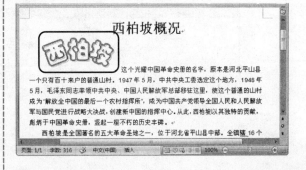

高手点拨

在选择艺术字样式时，在文档中选中的文本会自动显示预览效果。

8.6.3 插入 SmartArt 图形

在实际工作中，往往需要表达工作流程或事物组织关系等，用文字既不利于读者的理解，也不利于文章的编辑，此时可以插入 SmartArt 图形，它不仅可以使关系表现的更直观，而且还使文档变得更加美观。

多学点

如果插入的 SmartArt 图形太大，可以通过拖动四个角上的控制点进行调整。

提示您

插入 SmartArt 图形后，还可以单独调节图形中某个结构的大小。

第1步 单击"SmartArt"按钮 打开 Word 2007 文档，输入文档标题，将光标置于需要插入 SmartArt 图形的位置处。选择"插入"选项卡，单击"插图"选项组中的 SmartArt 按钮。

第2步 选择 SmartArt 图形样式 ❶ 打开"选择 SmartArt 图形"对话框，选择"层次结构"选项卡。❷ 在右侧出现的结构样式中选择需要插入的 SmartArt 图形。❸ 单击"确定"按钮。

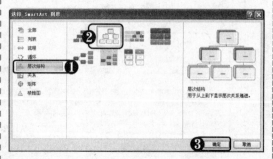

第3步 插入一个 SmartArt 图形 经过上一步操作后，返回文档中，可以看到已经插入了一个 SmartArt 图形。

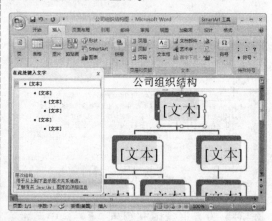

第4步 在图形中键入文字 单击"文本"图形框，键入要输入的文字。

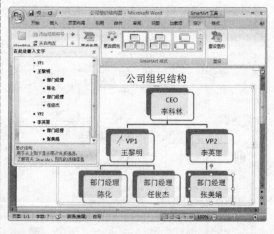

第5步 更改布局 ❶ 若需要更改布局，则

在"设计"选项卡下,单击"布局"组中的"更改布局"按钮。❷ 在弹出的下拉面板中选择需要的布局样式。

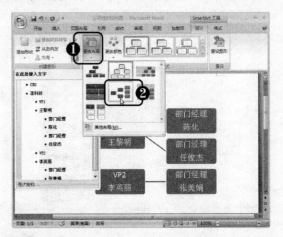

第6步 显示布局更改效果　此时返回文档,可看到 SmartArt 图形已经被更改了布局。

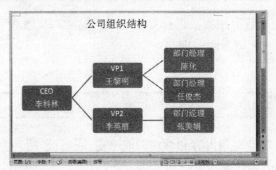

第7步 更改颜色　❶ 在"设计"选项卡下,单击"SmartArt 样式"选项组中的"更改颜色"按钮。❷ 在展开的下拉面板中选择需要改变的颜色。

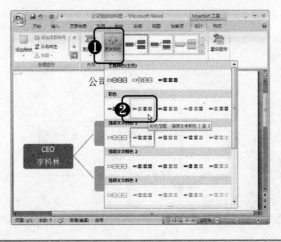

第8步 显示更改的颜色效果　返回文档,可看到 SmartArt 图形已经被改变了颜色。

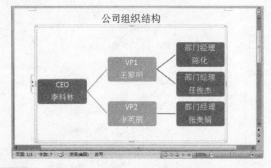

第9步 添加形状　❶ 如果需要在图形中添加形状,则选择需要添加的形状。❷ 在"设计"选项卡下单击"添加形状"按钮。❸ 在弹出的菜单中选择"在后面添加形状"命令。

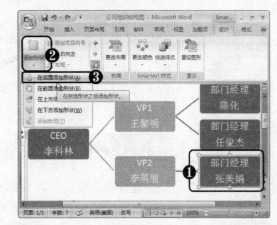

第10步 设置效果　❶ 返回文档中,可看到在原形状下方已添加一个同类型的新形状,在新形状中输入要添加的文字内容。❷ 单击"SmartArt 样式"组的下拉按钮,在弹出的面板中单击"其他"按钮。

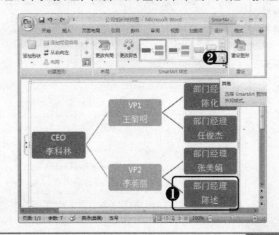

第11步 选择效果样式　在弹出的下拉面板中选择要更改的样式。

第12步 查看最终效果　返回文档中，可看到 SmartArt 图形的最终效果。

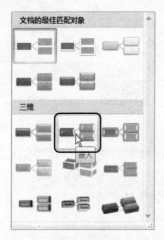

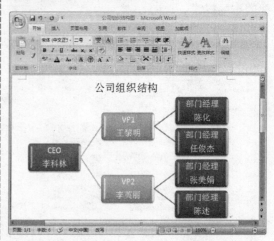

8.7 页面设置

在实际工作中，为了使文档更专业更规范，还需要进行页面设置，如插入页眉和页脚，插入页码和目录等，下面我们就将介绍这方面的内容。

8.7.1 插入页眉和页脚

在文档的关键位置设置页眉和页脚，可以使文档内容和性质看起来更加一目了然，为用户使用带来很大的方便。下面我们就来介绍如何插入页眉和页脚。

第1步 单击"页眉"按钮　❶ 打开光盘中存储的"素材\第 8 章\公司账款管理操作范本.docx"文件，选择"插入"选项卡。❷单击"页眉和页脚"组中的"页眉"按钮。

第2步 选择页眉样式　在弹出的下拉面板中选择要插入的页眉样式，在此选择"边线型"样式。

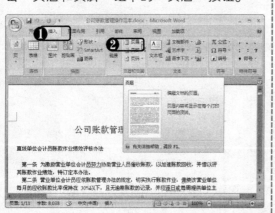

第3步 输入页眉内容 ❶ 此时文档中已经插入页眉,在页眉中输入页眉的内容。❷ 单击"关闭页眉和页脚"按钮。

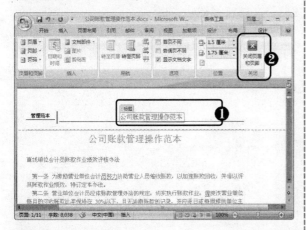

第4步 查看页眉效果 返回文档,可看到插入的页眉效果。

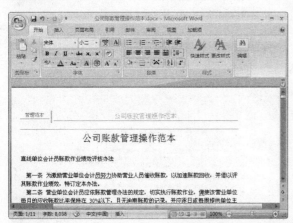

第5步 单击"页脚"按钮 ❶ 选择"插入"选项卡。❷ 单击"页眉和页脚"组中的"页脚"按钮。

高手点拨

编辑好页眉和页脚后,按键盘上的【Esc】键也可关闭页眉和页脚。

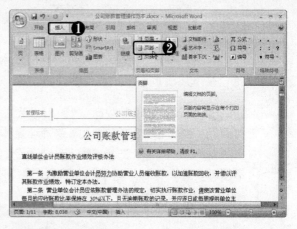

第6步 选择页脚样式 在弹出的下拉面板中选择要插入的页脚样式,在此选择"传统型"样式。

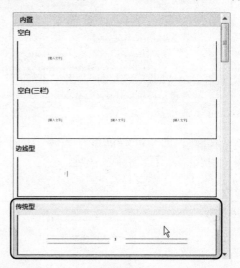

第7步 输入页脚内容 ❶ 此时文档中已经插入页脚,在页脚中输入页脚内容。❷ 单击"关闭页眉和页脚"按钮,退出编辑。

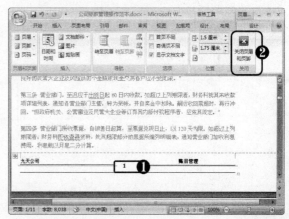

8.7.2 插入页码

页码的插入方法与页眉和页脚的插入方法类似，用户可将页码添加到文档的顶部或底部，插入后的页码呈灰色显示，且不能与文档正文同时修改。

第1步 单击"页码"按钮 ❶ 打开光盘中存储的"素材\第 8 章\公司账款管理操作范本.docx"文件。❷ 选择"插入"选项卡。❸ 单击"页眉和页脚"组中的"页码"按钮。

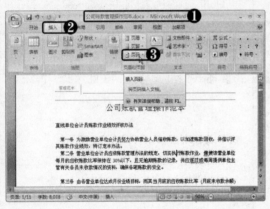

第2步 选择页码位置 在弹出的下拉面板中选择"页面底端"选项。

第3步 选择页码具体样式 在弹出的级联菜单中选择页码的具体样式，在此选择"卷形"选项。

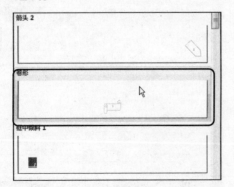

第4步 插入页码 此时进入编辑页码状态，页码呈灰色显示，单击"关闭页眉和页脚"按钮。

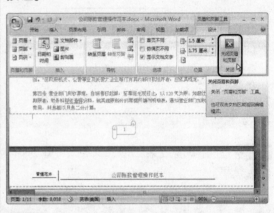

第5步 查看显示效果 此时返回文档，即可看到插入页码后的显示效果。

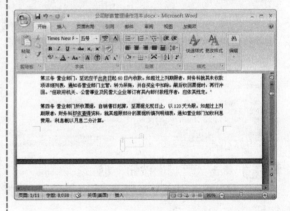

第9章

电子表格制作——Excel 2007

章前导读

Excel 2007 是 Microsoft 公司开发的电子表格软件，是专业化的电子表格处理工具，在学习了 Word 2007 的相关知识后，本章将开始深入浅出地为用户讲解使用 Excel 2007 轻松制作电子表格的操作方法。

- ✔ Excel 2007 的工作界面
- ✔ Excel 2007 的基本操作
- ✔ 数据的输入
- ✔ 美化工作表
- ✔ 数据的处理
- ✔ 图表的应用
- ✔ 公式和函数的应用
- ✔ 工作表的打印

小神通，刚学习了 Word 2007，我想用它制作一个美观又实用的电子表格，但又怕做不好，有没有专门制作表格的软件呀？

当然有了，Microsoft 公司开发的 Excel 2007 是专业的电子表格制作软件，不仅功能强大而且操作也简便呢。

是呀，Excel 2007 不仅可以输入各种类型的数据，而且在数据处理方面还具有公式计算、函数计算、数据排序与筛选、生成图表等功能，下面来一起学习一下吧。

9.1 Excel 2007 的工作界面

Excel 2007 与 Word 2007 一样，同样也有可视化的用户界面，下面将介绍 Excel 2007 的工作界面的组成。

Excel 2007 工作界面主要是由 Office 按钮、快速访问工具栏、标题栏、功能区、编辑区和状态栏等组成，下面介绍各组成部分的功能。

❤ **Office 按钮** ：在该按钮下可打开、保存或打印文档，并可查看对文档执行的所有其他操作。

❤ **快速访问工具栏** ：位于工作界面的顶部，用于快速执行某些操作。

❤ **标题栏** Book1 - Microsoft Excel ：显示当前工作簿的名称等信息。

❤ **功能区**：其中包含了 Excel 2007 所有的编辑功能，单击功能区上方的选项卡，下方将显示对应的编辑工具，可对表格进行编辑操作，如下图所示。

❤ **编辑区**：文档编辑区是 Excel 的主要工作区域，如下图所示。

❤ **状态栏** 编辑 ：显示文件当前的操作状态。

9.2 Excel 2007 的基本操作

在使用 Excel 制作电子表格时，需要了解新建、退出、保存等工作簿的基本操作方法，然后需要熟悉插入、复制和移动、删除等工作表的操作方法，下面将详细介绍 Excel 的基本操作方法。

9.2.1 工作簿的基本操作

工作簿的基本操作一般是指创建工作簿、保存工作簿、退出和打开工作簿等，下面将分别进行界面工作簿的基本操作。

1．创建工作簿

创建工作簿的方法一般来说有两种，下面将分别对其进行介绍。

方法一：创建空白工作簿

第1步 选择"新建"选项 ❶ 启动 Excel 2007，打开 Excel 2007 工作窗口。❷ 单击 Office 按钮 。❸ 在弹出的下拉面板中选择"新建"选项。

第2步 选择创建的工作簿类型 ❶ 弹出"新建工作簿"对话框，选中"空白文档和最近使用的文档"选项卡下的"空工作簿"选项。❷ 单击"创建"按钮。

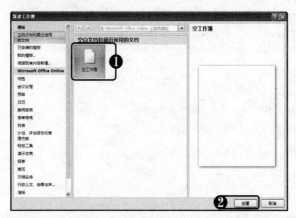

第3步 创建空白工作簿 返回 Excel 2007 窗口。此时即可看到创建的 Book2 空白文档。

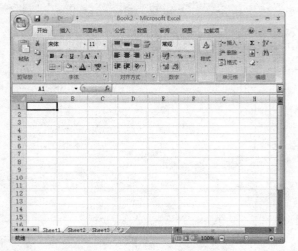

高手点拨

在 Excel 2007 工作窗口上方，单击快速访问工具栏中的"新建"按钮，可以直接创建空白工作簿。

方法二：根据模板创建工作簿

第1步 打开"新建工作簿"对话框 单击 Office 按钮 。在弹出的下拉面板中选择"新建"选项。弹出"新建工作簿"对话框，单击"已安装的模板"选项卡。

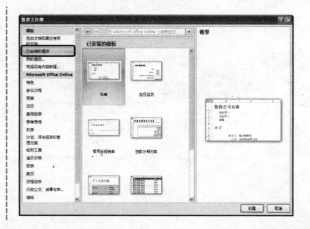

第2步 选择模板 ❶ 在"已安装的模板"列表框中选择所需的模板，如选择"销售报表"模板。❷ 单击"创建"按钮。

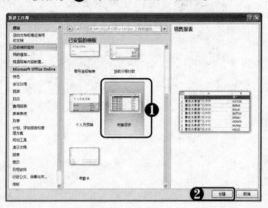

第3步 查看创建的销售报表工作簿 返回工作窗口，即可看到创建的销售报表工作簿。

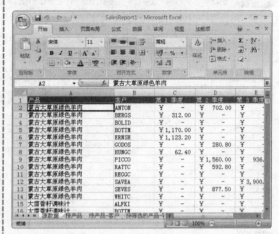

 高手点拨

在插入工作表时，若通过单击"插入工作表"按钮插入工作表，此时插入的工作表将插入到工作簿中所有工作表的后面。工作表的名称会根据当前创建的工作表数进行累加以 Sheet4、Sheet5、Sheet6……命名。若对工作表重新命名后，再插入新工作表，工作表仍会以此种方法累加命名。

2. 保存工作簿

单击 Office 按钮，在弹出的下拉面板中选择"保存"选项，可弹出"另存为"对话框，从中选择保存路径和输入保存名称，单击"保存"按钮，即可保存工作簿。保存 Excel 工作簿的方法与 Word 中保存文件的方法基本相同，在此就不再赘述。

3. 退出工作簿

❶ 在 Excel 工作窗口中单击 Office 按钮 。
❷ 在弹出的下拉面板中单击"退出 Excel"按钮，即可退出工作簿。

 高手点拨

直接单击标题栏右侧的"关闭"按钮，也可以退出工作簿。

4. 打开工作簿

第1步 选择"打开"选项 ❶ 在 Excel 工作窗口中单击 Office 按钮。❷ 在弹出的下拉面板中选择"打开"选项。

第2步 选择要打开的工作簿文档 ❶ 弹出"打开"对话框，在"查找范围"下拉列表框中选择需要打开的 Excel 工作簿所在的位置，选中要打开的工作簿文档。❷ 单击"打开"按钮。

9.2.2 工作表的基本操作

工作表的基本操作主要包括插入、删除、复制和移动、重命名、隐藏和显示工作表等操作，下面将分别介绍工作表的各种基本操作。

1. 插入工作表

如果系统默认的 3 个工作表不够用，用户可以根据需要自己插入多个工作表，下面介绍插入工作表的方法。

第1步 选择"插入"选项 ❶ 打开 Excel 工作窗口，在工作表标签 Sheet3 上右击。❷ 在弹出的快捷菜单中选择"插入"命令。

第2步 选择插入的工作表类型 ❶ 弹出"插入"对话框，选中"常用"选项卡下的"工作表"选

项。❷ 单击"确定"按钮。

第3步 查看插入的新工作表 返回 Excel 工作窗口，即可看到插入的新工作表 Sheet4。

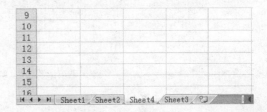

2．删除工作表

在操作完成后，若发现有多余的工作表，用户也可以删除这些工作表，以便使工作簿看起来更清晰、明了。

第1步 选择"删除"选项 ❶ 在要删除的工作表 Sheet4 标签上右击。❷ 在弹出的快捷菜单中选择"删除"命令。

第2步 查看删除后的工作表 此时即可看到 Sheet4 工作表已经被删除了。

提示您

拖动工作表标签可以快速移动工作表；按住【Ctrl】键拖动工作表标签可快速复制工作表。

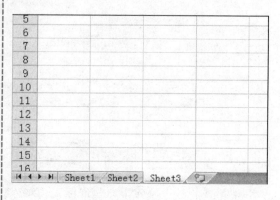

3．复制和移动工作表

用户可以在相同或不同的工作簿中进行复制、移动工作表操作。下面将对这些内容进行讲解。

第1步 选择"移动或复制工作"选项 新建空白工作簿，然后在"根据模板创建工作簿.xlsx"文件中的"源数据"标签上右击。在弹出的快捷菜单中选择"移动或复制工作"命令。

第2步 打开"移动或复制工作表"对话框 ❶ 弹出"移动或复制工作表"对话框，在"将选定工作表移至工作簿"下拉列表框中选择 Book2 选项，在"下列选定工作之前"列表中选择"（移至最后）"选项。❷ 选中"建立副本"复选框。❸ 单击"确定"按钮。

多学点

按【Shift+F11】组合键，或单击工作表标签右侧的"新建工作表"标签，都可以快速插入工作表。

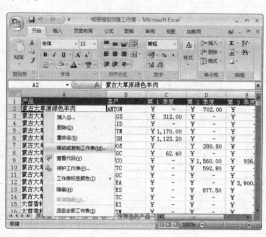

第3步 查看复制移动后的效果 即可将"源数据"工作表移至 Book2 工作簿中。

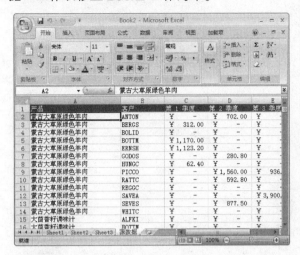

单击"开始"选项卡下的"单元格"组中的"格式"下拉按钮，在弹出的下拉菜单中选择"移动或复制工作"选项，也可以弹出"移动或人间如梦工作表"对话框，在其中进行设置，同样可以执行移动或复制工作的操作。

选中当前工作簿，按【Ctrl+F4】组合键，也可以退出工作簿。

4．重命名工作表

为了让用户可以清晰明了的查看各工作表，可以对工作进行重命名操作，下面将介绍重命名的操作步骤。

第1步 选择"重命名工作表"选项 ❶ 单击"开始"选项卡，在其下方的功能区中单击"格式"下拉按钮 。❷ 在弹出的下拉菜单中选择"重命名工作表"命令。

第2步 输入工作表名称 在工作表标签上直接输入新名称。单击任意单元格或按【Enter】键确认。

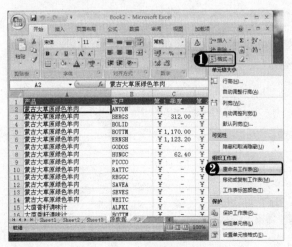

3	蒙古大草原绿色羊肉	BERGS	¥
4	蒙古大草原绿色羊肉	BOLID	¥
5	蒙古大草原绿色羊肉	BOTTM	¥
6	蒙古大草原绿色羊肉	ERNSH	¥
7	蒙古大草原绿色羊肉	GODOS	¥
8	蒙古大草原绿色羊肉	HUNGC	¥
9	蒙古大草原绿色羊肉	PICCO	¥
10	蒙古大草原绿色羊肉	RATTC	¥
11	蒙古大草原绿色羊肉	REGGC	¥
12	蒙古大草原绿色羊肉	SAVEA	¥
13	蒙古大草原绿色羊肉	SEVES	¥
14	蒙古大草原绿色羊肉	WHITC	¥
15	大茴香籽调味汁	ALFKI	¥
16	大茴香籽调味汁	BOTTM	¥

Sheet1 Sheet2 Sheet3 李销售

5. 隐藏和显示工作表

对于重要的工作表，用户可以将其隐藏，以防止被他人看到，造成不必要的损失。下面对隐藏和显示工作表的方法进行详细介绍。

第1步 选择"隐藏"选项 ❶ 打开"进货单.xlsx"工作簿，在要隐藏的"进货单"标签上右击。❷ 在弹出的快捷菜单中选择"隐藏"命令。

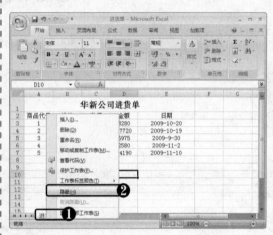

第2步 隐藏工作表 隐藏"进货单"后，该工作表标签将不显示。

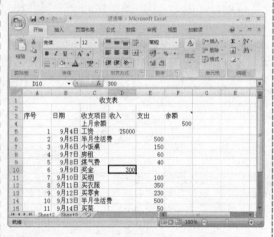

第3步 取消隐藏工作表 ❶ 单击"开始"选项卡下"单元格"组中的"格式"下拉按钮"格式"。❷ 在弹出的下拉菜单中选择"隐藏和取消隐藏"|"取消隐藏工作表"命令。

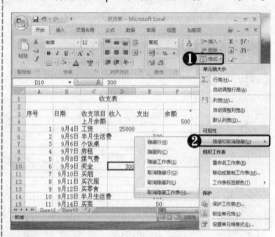

第4步 选择取消隐藏的工作表 ❶ 弹出"取消隐藏"对话框，在"取消隐藏工作表"列表中选择需要取消隐藏的工作表。❷ 单击"确定"按钮。

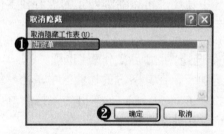

高手点拨

对于特别重要的文件，除了将其隐藏以外，建议采取更多保护措施，例如为文档加密等。

6. 保护工作表

有些重要的工作表为了不被其他用户随意打开或修改，用户可以对其设置密码进行保护，下面介绍保护工作表的方法。

第1步 设置保护工作表 ❶ 打开"进货单.xlsx" 工作簿,在"进货单"标签上右击。❷ 在弹出的快捷菜单中选择"保护工作表"命令。

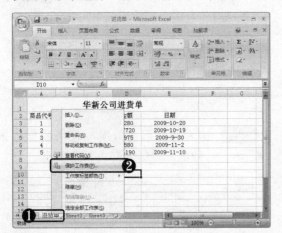

第2步 打开"保护工作表"对话框 ❶ 弹出"保护工作表"对话框,选中"保护工作表及锁定的单元格内容"复选框,在"取消工作表保护时使用的密码"文本框中输入密码 123。❷ 在"允许此工作表的所有用户进行"的下拉列表框中设置项目。❸ 单击"确定"按钮。

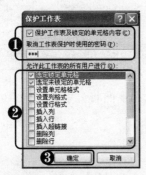

第3步 打开"确认密码"对话框 ❶ 弹出"确认密码"对话框,在"重新输入密码"文本框中再次输入密码 123。❷ 单击"确定"按钮。

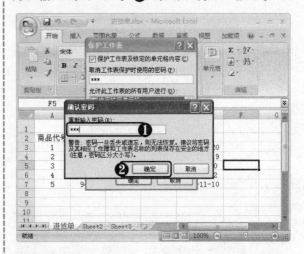

第4步 提示工作表已经受到保护 设置密码保护后,返回工作表,再次进行相应的操作时,将弹出 Microsoft Office Excel 提示信息框,提示用户工作表已经受到保护,如果需要对其修改,首先撤销工作表保护。单击"确定"按钮。

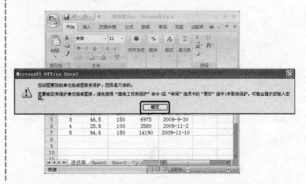

9.3 数据的输入

在使用 Excel 制作的表格中输入数据时,首先需要了解输入数据的类型。不同类型的数据在输入过程中的操作方法也是不同的。

9.3.1 输入文本型数据

文本型数据是用户在 Excel 工作表中输入的文本型文字,如姓名、性别等文字数据,下面介绍输入文本型数据的方法。

第1步 新建工作簿 启动 Excel 2007 应用程序，将自动新建一个 Excel 电子表格 Book1，默认选中第一个单元格。

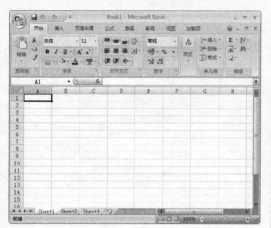

第2步 输入文本 在单元格中直接输入文本"成绩表"。

第3步 下移单元格输入文本 输入完成文本"成绩表"后，按【Enter】键，即可将当前单元格向下移动，然后输入文本"姓名"。

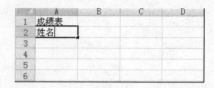

第4步 输入完毕后的效果 使用同样的方法输入其他同学的姓名与各科目信息。

9.3.2 输入负数和分数

在制作表格时，有时会遇到输入负数和分数的情况，下面将分别介绍输入负数和输入分数的方法。

1. 输入负数

方法一：直接输入

在单元格中直接输入"-6"即可。

方法二：括号输入

第1步 输入带括号的数字 在单元格中输入"（6）"。

第2步 显示负数 按【Enter】键，即可看到在单元格中显示的为"-6"。

2. 输入分数

第1步 输入正确格式的分数　在单元格中首先输入一个 0。按空格键，再输入"1/5"。

	A	B	C	D
1	0 1/5			
2				
3				
4				

第2步 输入的分数　按【Enter】键，即可看到单元格中显示的"1/5"。

	A	B	C	D
1	1/5			
2				
3				
4				

9.3.3　输入日期和时间

在制作一些涉及时间和日期表格时，用户就需要掌握在 Excel 表格中输入日期和时间的方法。

1. 输入日期

第1步 输入日期　在单元格中输入数据"2009-10-20"。

	A	B	C	D
1	2009-10-20			
2				
3				
4				

第2步 弹出快捷菜单　❶ 在输入数据的单元格上右击。❷ 在弹出的快捷菜单中选择"设置单元格格式"命令。

第3步 设置日期类型　❶ 弹出"设置单元格格式"对话框，选择"数字"选项卡下的"分类"

选项区域中的"日期"选项。❷ 在"类型"列表框中选择"2001 年 3 月 14 日"。❸ 单击"确定"按钮。

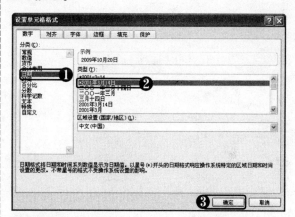

第4步 转换格式后的效果　此时即可看到转换类型后的日期格式。

	A	B	C	D
1	2009年10月20日			
2				
3				
4				
5				
6				
7				
8				
9				
10				
11				

2. 输入时间

方法一：12 小时制时间

第1步 输入1 AM　在单元格中输入1。输入一个空格，然后输入AM。

	A	B	C	D
1	1 AM			
2				
3				
4				
5				
6				
7				

第2步 显示时间　按【Enter】键，在单元格中显示的时间为1：00AM。同样的输入1 PM，在单元格中显示的为1：00PM。

	A	B	C	D
1	1:00 AM			
2	1:00 PM			
3				
4				
5				
6				
7				

方法二：24小时制时间

第1步 输入24小时制时间　在单元格中直接输入时间13:00。

	A	B	C	D
1	1:00 AM			
2	1:00 PM			
3	13:00			
4				
5				
6				
7				

第2步 显示时间　按【Enter】键，在单元格中输入20:00:00，即可显示24小时制时间。

	A	B	C	D
1	1:00 AM			
2	1:00 PM			
3	13:00			
4	20:00:00			
5				
6				

3．同时显示日期和时间

第1步 输入日期和时间　❶ 在单元格中输入2009-10-20。❷ 输入一个空格，然后再输入13:00。

	A	B	C	D
1	2009-10-20	13:00		
2				
3				
4				
5				
6				
7				

❶　❷

第2步 显示日期　按【Enter】键，即可看到单元格中只显示日期，而把时间自动隐藏。

	A	B	C	D
1	2009-10-20			
2				
3				
4				
5				
6				
7				

第3步 右击弹出快捷菜单　❶ 在该单元格上右击。❷ 在弹出的快捷菜单中选择"设置单元格格式"命令。

高手点拨

在"开始"选项卡下"单元格"组中单击"格式"下拉按钮，在弹出的下拉列表中选择"设置单元格格式"选项，也可快速打开"设置单元格格式"对话框。

第4步 设置日期显示类型 ❶ 弹出"设置单元格格式"对话框,选择"数字"选项卡下"分类"组中的"日期"选项。❷ 在"类型"列表框中选择"2001-3-14 13:30"。❸ 单击"确定"按钮。

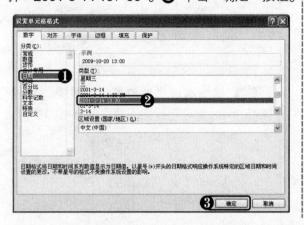

第5步 显示设置日期类型后的效果 返回工作表编辑区,即可看到设置日期显示类型后的效果。

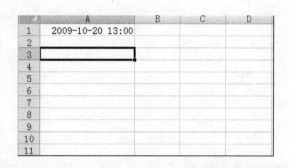

9.3.4 自动填充数据功能

在 Excel 工作表中输入数据时,有时输入的数据是有规律的,若逐个输入将大大降低工作效率,为了能更快地输入相同或有规律的数据,可运用自动填充功能来完成。

1. 使用填充柄填充

方法一: 填充相同的数据

第1步 将指针移到单元格右下角 在单元格中输入 7,将指针移至该单元格右下角处,此时指针变为╋形状。

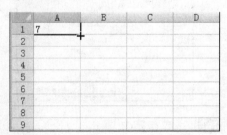

第2步 拖动鼠标 单击鼠标并向下拖动,此时即可看到鼠标在工作表中的拖动状态。

高手点拨

在使用自动填充功能时,经常还会借助【Ctrl】键配合使用。

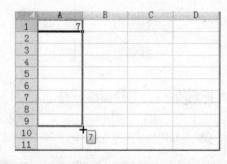

第3步 填充后的效果 将鼠标拖动至目标位置,释放鼠标,此时即可看到填充后的效果。

方法二：填充有规律的数据

第1步 **区域输入数据** 在单元格中输入"星期一"，将鼠标指针移至单元格右下角，此时鼠标指针变为➕形状。

第2步 **拖动控制柄** 单击鼠标并向下拖动至 C7 单元格。

第3步 **填充有规律的数据后的效果** 释放鼠标，此时即可看到完成数据填充后的效果。

2．自定义填充

第1步 **选择单元格区域** 选中 E1 单元格，并输入 2。拖动选框至 E7 单元格。

第2步 **填充下拉面板** ❶ 单击"开始"选项卡下"编辑"组中的"填充"下拉按钮 ![fill]。❷ 在弹出的下拉面板中选择"系列"选项。

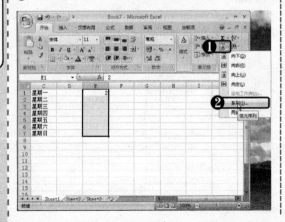

第3步 **设置"序列"对话框** ❶ 弹出"序列"对话框，选中"序列产生在"选项区域中的"列"单选按钮和"类型"选项区域中的"等比序列"单选按钮。❷ 将"步长值"设置为 2。❸ 单击"确定"按钮。

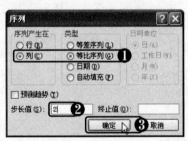

第4步 **完成自定义填充** 返回工作表编辑区，即可看到在 E1～E7 单元格区域内完成自动填充。

	C	D	E	F
1	星期一		2	
2	星期二		4	
3	星期三		8	
4	星期四		16	
5	星期五		32	
6	星期六		64	
7	星期日		128	
8				

9.4 美化工作表

在制作 Excel 表格时，除了表格的内容要准确、完整外，为了满足人们的审美要求还要美观大方。下面将向用户介绍有关美化工作表的知识。

9.4.1 设置字体格式

在表格制作完成后，用户可以根据需要对表格内的字体进行格式设置，以便使制作的表格更加美观。

第1步 输入数据 启动 Excel 2007，新建 Excel 空白文档，然后在单元格中输入相应的数据。

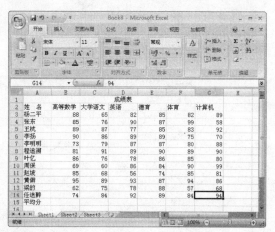

第2步 设置字体 ❶ 选中 A1 单元格，然后单击"开始"选项卡下的"字体"组中的"字体"下拉按钮。❷ 在弹出的下拉列表中选择"华文隶书"选项。

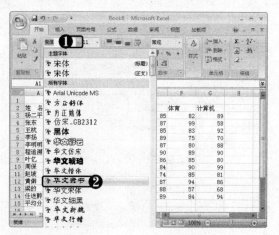

第3步 设置字号 ❶ 单击"字体"组中"字号"下拉按钮。❷ 在弹出的下拉列表中选择 22 号。

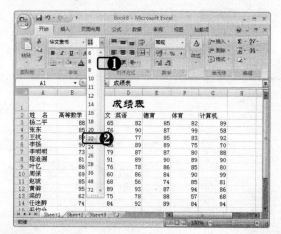

第4步 设置完字体后的效果 返回文档中即可看到设置字体后的效果。选中 B2：G2 单元格区域，然后单击"字体"组中的"加粗"按钮，即可加粗单元格区域中的字体。

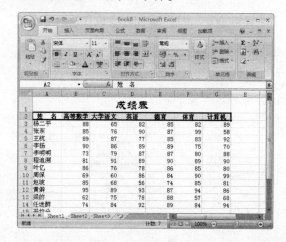

高手点拨

在工作表中需要对单元格进行选择时，若选择一个单元格，则直接单击目标单元格，若选择多个不相信的单元格，则需按住【Ctrl】键再单击目标单元格，若选择相邻的多个单元或多行/列产，则选中一个单元格或一行/列单元格后，再按住左键拖动即可。

电脑小·专家

问： 小神通，怎样才能快速加粗字体呢？

答： 晨晨，你只需按【Ctrl+B】组合键就可以快速加粗字体了。

9.4.2 设置单元格的边框和底纹

一般的 Excel 表格制作完成后，不会自动添加边框和底纹，若想要添加的话，需要用户自定义设置，下面介绍设置单元格的边框和底纹的方法。

1．设置边框

第1步 打开"成绩表.xlsx"工作簿 打开"成绩表.xlsx"工作簿。选择 A2：G15 单元格区域。

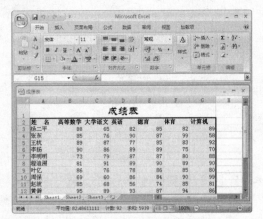

第2步 选择"设置单元格格式"选项 ❶ 在选择的单元格区域中右击。❷ 在弹出的快捷菜单中选择"设置单元格格式"命令。

第3步 切换至"边框"选项卡 ❶ 弹出"设置单元格格式"对话框。❷ 单击"边框"选项卡，切换至"边框"选项卡界面下。

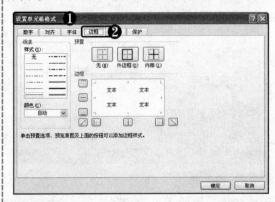

第4步 设置边框 ❶ 在"线条"选项区域中选择所需的线条样式。❷ 单击"外边框"按钮，添加选择的单元格区域的外边框。❸ 单击"内部"按钮，添加单元格区域的内部线条。❹ 单击"确定"按钮，确认设置。

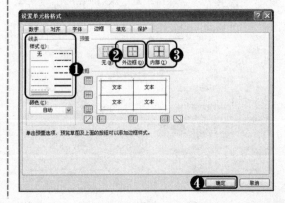

新手巧上路

问： 那又怎样快速设置斜体格式呢？

答： 这也很简单，只需按【Ctrl+I】组合键即可。

第5步 **显示设置边框后的效果** 关闭"设置单元格格式"对话框，并返回工作表操作界面。在选择的单元格区域上显示设置边框后的效果。

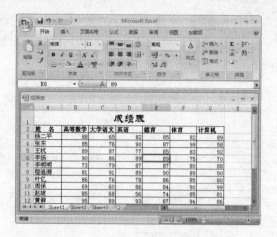

 高手点拨

应用设置的边框效果，也可以在"边框"栏中单击预览图中的各边框线。

2. 设置底纹

第1步 **选择"设置单元格格式"选项** 选择需要设置底纹的 A2：G2 单元格区域。在单元格区域中右击，在弹出的快捷菜单中选择"设置单元格格式"命令。

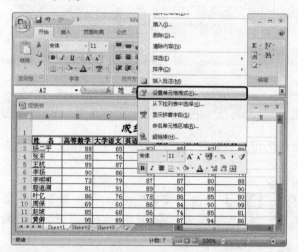

第2步 **设置字体格式** 弹出"设置单元格格式"对话框，并切换至"字体"选项卡。在"字体"列表框中选择"楷体"。在"字号"列表框中选择 14。在"颜色"下拉列表框中选择"紫色"选项。

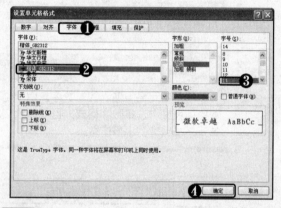

第3步 **设置底纹** ❶ 切换至"填充"选项卡。❷ 在颜色列表中选择"淡紫"。❸ 单击"确定"按钮，完成设置。

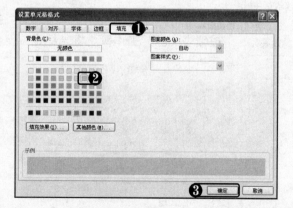

 高手点拨

若要删除单元格中添加过的底纹效果，可在"设置单元格格式"对话框中选择"无颜色"选项。

第4步 设置底纹后的效果　返回工作表操作界面。查看 A2：G2 单元格区域设置底纹后的效果。

第5步 设置其他单元格底纹　选择 A1：G1 单元格区域。使用同样的方法在该区域设置底纹，查看设置后的效果。

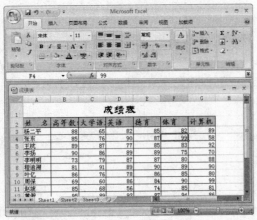

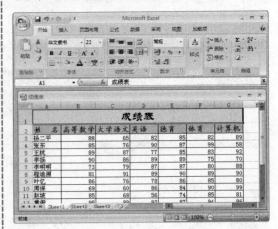

> **提示您**
>
> 在设置边框时，用户可以在"设置单元格格式"对话框中自行设置表格边框的颜色和粗细。

高手点拨

若在单元格中输入的为数字，用户可以在"开始"选项卡下的"数字"组中的"数字格式"下拉列表框中选择数字格式，且可以通过单击"减少小数位数"或"增加小数位数"按钮来控制单元格中数字的小数位数。

9.4.3　设置工作表背景

为了让工作表看起来更加的美观，用户还可以设置工作表的背景，但工作表的背景图案在打印时是打印不出来的。

> **多学点**
>
> 为表格或单元格设置底纹还有突出显示的效果。

第1步 打开"成绩表.xlsx"工作簿　打开"成绩表.xlsx"工作簿。将光标定位至任意单元格上。

第2步 单击"背景"按钮　❶ 单击"页面布局"选项卡。❷ 单击"页面设置"组中的"背景"按钮。

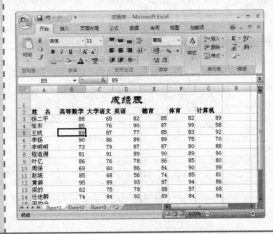

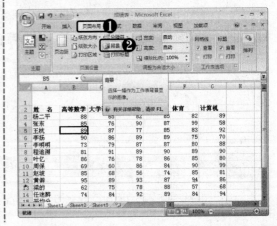

第3步 工作表背景图片 ❶ 弹出"工作表背景"对话框。❷ 查找图片所在的位置,选择需要的图片。❸ 单击"插入"按钮。

第4步 完成工作表背景设置 返回工作表操作界面。查看添加背景后的工作表。

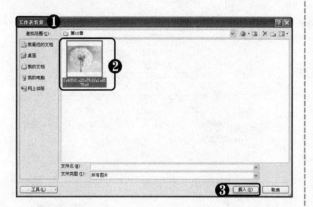

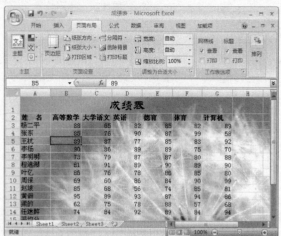

高手点拨

想要设置数据自动换行,可以选中单元格后再单击"对齐方式"组中的"自动换行"按钮。

9.4.4 自动套用表样式

Excel 2007 中提供了大量的表格样式,使用户可快速方便地设置表格样式,从而更加方便的美化工作表。

第1步 打开"成绩表.xlsx"工作簿 ❶ 打开"成绩表.xlsx"工作簿。❷ 选中 A2:G15 单元格区域。

第2步 单击"套用表格格式"下拉按钮 ❶ 单击"开始"选项卡。❷ 单击"样式"组中的"套用表格格式"下拉按钮。

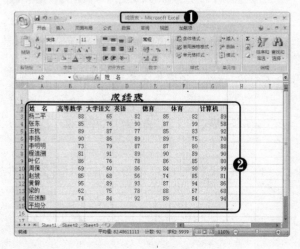

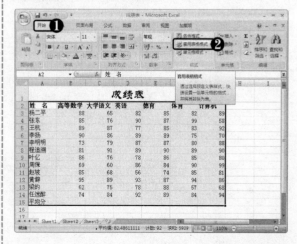

第3步 **选择表格样式** 弹出表格样式下拉面板。在其中选择"中等深浅"选项区域中的"表样式中等深浅12"选项。

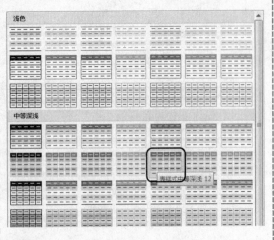

第4步 **设置表数据的来源** ❶ 弹出"套用表格式"对话框。❷ 选择表数据的来源，并选中"表包含标题"复选框。❸ 单击"确定"按钮。

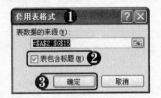

第5步 **套用表样式后的效果** 返回工作表操作区域。单击表格外的任意单元格，查看套用表样式后的效果。

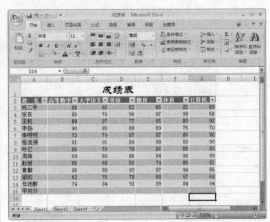

**高手点拨**

在套用表格样式时，可选择需要应用表格样式的单元格后，再执行应用表格样式的操作，对表格样式进行套用。

高手点拨

取消选择"表包含标题"复选框，系统会将标题作为数据行，自动为数据表添加标题行。

9.5 数据的处理

在使用 Excel 制作的电子表格中，在众多数据中若想要查找表格中的最大数或最小数，是件很麻烦的事情，但是通过使用 Excel 中的排序功能就可以很便捷的解决这一问题；此外，使用 Excel 中的筛选功能，可以很方便地查找符合条件的记录。

9.5.1 排序

排序是 Excel 中进行数据操作的基本功能之一，下面将详细介绍在 Excel 中进行数据排序的方法。

1. 简单排序

第1步 打开"成绩表.xlsx"工作簿 ❶ 打开"成绩表.xlsx"工作簿。❷ 将光标定义在表格中的任意单元格中。

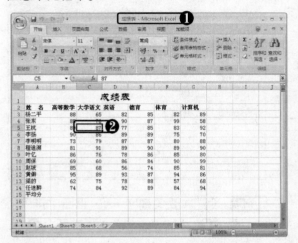

第2步 单击"排序和筛选"下拉按钮 ❶ 单击"开始"选项卡。❷ 单击"编辑"组中的"排序和筛选"下拉按钮。

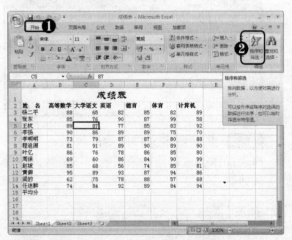

第3步 选择"降序"选项 弹出"排序和筛选"下拉面板，在其中选择"降序"选项。

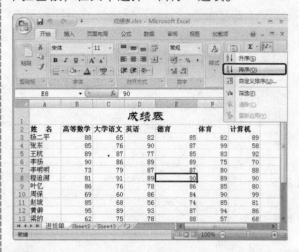

第4步 查看排序结果 返回工作表操作区域，此时即可看到"大学语文"成绩按照由高到低的顺序的排列结果。

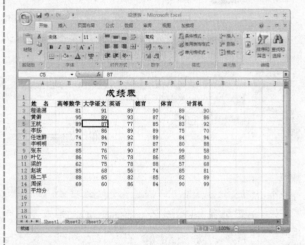

 高手点拨

　　在多列单元格中的数据进行排序时，需要以某个数据进行排列，该数据称为关键字。以关键字进行排序时其他列中的单元格数据将随之发生变化。在选择单元格时，首先选择关键字所在的单元格，排序时就会自动以该关键字进行排序。对单元格中的数据进行排序后，表格中的内容会随着排序的条件变化而发生位置上的变化，但相关信息并不会发生改变。

2. 自定义排序

第1步 选择"自定义排序"选项 ❶ 打开 "成绩表2.xlsx"工作簿。❷ 单击"开始" 选项卡下"编辑"组中的"排序和筛选"下 拉按钮。❸ 在弹出的下拉面板中选择"自定 义排序"选项。

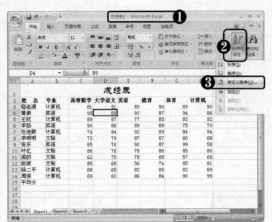

第2步 设置主要关键字的次序 弹出"排 序"对话框。在"主要关键字"下拉列表框 中选择"专业"选项，在"次序"下拉列表 框中选择"自定义序列"选项。

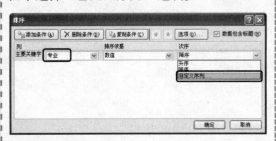

第3步 设置自定义序列 ❶ 弹出"自定义 序列"对话框。❷ 在"输入序列"文本框中 输入序列。❸ 单击"确定"按钮。

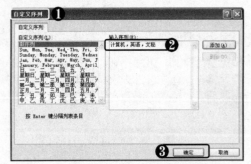

第4步 显示添加至自定义序列后的效果 ❶ 此时即可看到输入的序列添加至"自定义 序列"列表框中。❷ 单击"确定"按钮。

第5步 设置次要关键字 ❶ 返回"排序" 对话框。❷ 单击"添加条件"按钮。❸ 在 "次要关键字"下拉列表框中选择"高等数 学"选项，在"次序"下拉列表框中选择"降 序"选项。❹ 单击"确定"按钮。

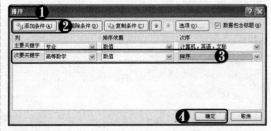

第6步 显示自定义排序后的效果 返回工 作表操作区域，此时即可看到按条件排序后 的效果。

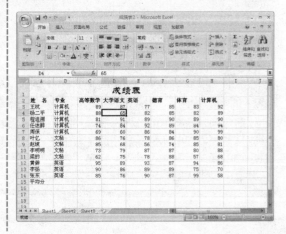

9.5.2 筛选

数据筛选就是指筛选出符合条件的数据。使用数据筛选功能后，表格中将只显示筛选出的数据记录。

1. 自动筛选

第1步 单击"筛选"按钮 ❶ 打开"成绩表.xlsx"工作簿。❷ 单击"数据"选项卡，切换至该选项卡下。❸ 单击"数据和筛选"组中的"筛选"按钮。

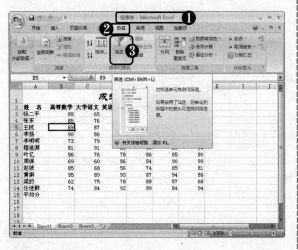

第2步 选择"大于或等于"选项 单击"筛选"按钮后，在每一列标题名称右侧都将出现下拉按钮。单击"英语"右侧的下拉按钮，在弹出的下拉菜单中选择"数字筛选"|"大于或等于"命令。

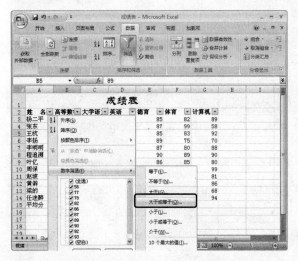

第3步 设置自定义筛选方式 ❶ 弹出"自定义自动筛选方式"对话框。❷ 在"英语"右侧的下拉列表框中选择90。❸ 单击"确定"按钮。

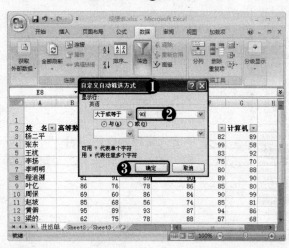

第4步 显示筛选结果 返回工作表操作区域。在工作表中显示了英语成绩大于或等于 90min 的学习。

2. 高级筛选

第1步 输入筛选条件 ❶ 打开"成绩表.xlsx"工作簿。❷ 在单元格区域 D16：E17 中输入筛选条件。

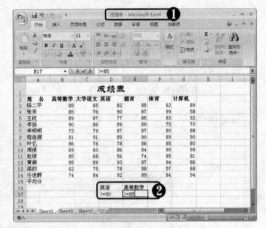

第2步 单击"高级"按钮 ❶ 单击"数据"选项卡。❷ 在该选项卡下单击"排序和筛选"组中的"高级"按钮。

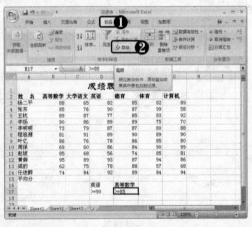

第3步 设置高级筛选 ❶ 弹出"高级筛选"对话框。❷ 选中"在原有区域显示筛选结果"单选按钮。❸ 分别设置筛选的列表区域与条件区域。❹ 单击"确定"按钮。

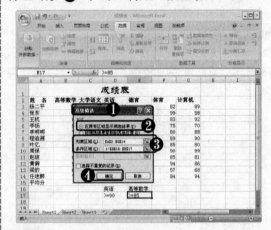

第4步 显示筛选结果 返回工作表操作区域。在原有区域显示出符合条件的结果。

高手点拨

对表格进行筛选操作后，再单击"数据"选项卡下的"排序和筛选"组中的"筛选"按钮，即可取消执行的筛选操作。

9.6 图表的应用

在制作 Excel 表格时一般会涉及很多的数据，但单纯的数据不利于比较又容易产生混淆，此时，用户通常会制作一个图表来更好的显示这些数据。

9.6.1 创建图表

在 Excel 2007 中，提供了多种图表类型供用户使用。下面将介绍在 Excel 2007 中创建图表的方法。

第1步 打开工作簿 ❶ 打开"'黄金周'旅行社接待情况表"工作簿。❷ 选中任一个数据的单元格。

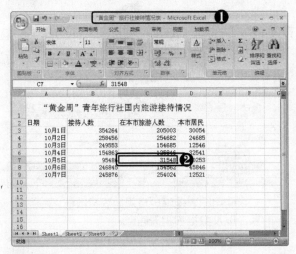

第2步 插入的图表类型 ❶ 单击"插入"选项卡，切换至该选项卡下。❷ 单击"图表"组中的"饼图"下拉按钮。❸ 在弹出的下拉面板中选择"饼图"选项。

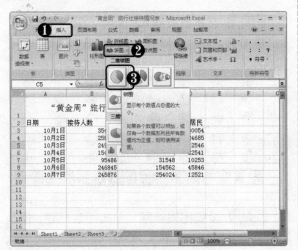

第3步 单击"选择数据"按钮 ❶ 返回工作表操作区域即可看到插入的图表。❷ 单击"设计"选项卡下"数据"组中的"选择数据"按钮。

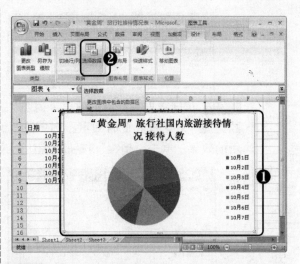

第4步 弹出"选择数据源"对话框 ❶ 弹出"选择数据源"对话框。❷ 选中"图例项"列表中的第一项。❸ 单击"删除"按钮。

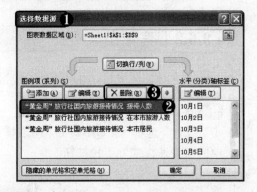

第5步 编辑数据源 ❶ 删除其他不需要的数据源，并选中所需的图例项。❷ 单击"编辑"按钮。

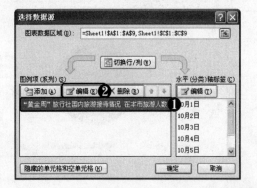

第6步 弹出"编辑数据系列"对话框 ❶ 弹出"编辑数据系列"对话框。❷ 在表格中单击 C2 单元格，更改系列名称。❸ 单击"确定"按钮。

第7步 编辑数据系列后的效果 返回"选择数据源"对话框，此时即可看到更改图例项后的效果。单击"确定"按钮，确认更改。

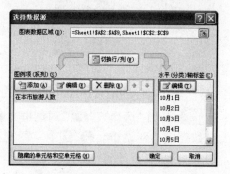

第8步 查看最终效果 返回工作表编辑区域，此时即可看到创建的图表数据已经更改。

高手点拨

使用图表能够更直观地查看数据之间的联系，以及数据的相关信息。

9.6.2 美化图表

在创建完图表后，用户还可以根据需要对图表进行一些美化操作，使其看起来更加美观。

第1步 单击"快速样式"下拉按钮 ❶ 单击"设计"选项卡。❷ 单击"图表样式"组中的"快速样式"下拉按钮。

第2步 选择图表样式 弹出"快速样式"下拉面板，在其中选择"样式 26"选项。

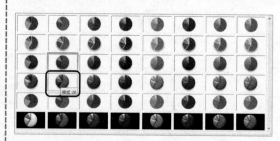

第3步 设置图表标题 单击图表标题，使其处于编辑状态。在文本框中输入标题。

第4步 设置形状样式 ❶ 单击"格式"选项卡。
❷ 单击"形状样式"组中的"其他"按钮。

第5步 选择所需的样式 弹出其他样式下拉面板，在其中选择"细微效果-强调颜色5"选项。

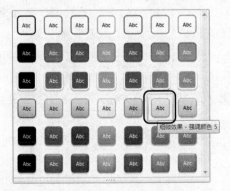

第6步 单击"艺术字快速样式"下拉按钮 返回工作表操作区域，即可看到应用形状样式后的

效果。单击"艺术字样式"组中的"快速样式"下拉按钮。

第7步 选择艺术字样式 弹出艺术字样式下拉面板，在其中选择"渐变填充-强调文字颜色6，内部阴影"选项。

第8步 设置完成后的效果 返回工作表操作区域，此时即可看到图表被美化后的效果。

高手点拨

当单击绘图区中的某个图形时，该图表中相同系列的所有图形都将被选中，再次单击任意数据系列可将其选择。

9.7 公式和函数的应用

Excel 2007 具有强大的计算功能，使用 Excel 提供的公式和函数，可以快速计算出单元格中的数据，既节省时间又减少出错几率，从而大大提高了工作效率。

9.7.1 输入公式

用户可以使用 Excel 中的公式功能对数据进行快速的运算，在单元格中输入一个公式前，需要先输入 "="，然后才可以输入公式。

第1步 选中需要输入公式的单元格 ❶ 打开 "成绩表 3.xlsx" 工作簿。❷ 选中 H3 单元格。

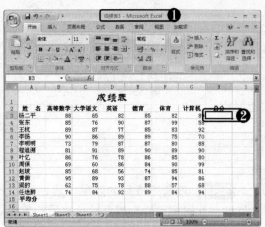

第2步 输入等号 将光标定位在编辑栏，并输入 "="。

第3步 ❶输入数据 ❷ 单击 B3 单元格。输入 "+"。

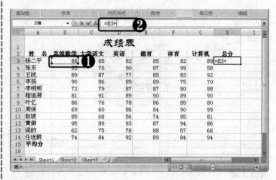

第4步 添加其他数据 ❶ 使用同样的方法分别单击 C3、D3、E3、F3、G3 单元格。❷在编辑栏的每个单元格中间输入 "+"。

第5步 **显示计算结果** 此时即可看到计算结果显示在 H3 单元格中。将鼠标移至 H3 单元格的右下角，此时鼠标指针变为 **十** 形状。

第6步 **显示其他计算结果** 当鼠标指针变为 **十** 形状时，按住鼠标左键拖动至 H14 单元格。此时即可看到其他同学的总分也都计算出来了。

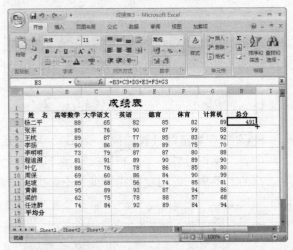

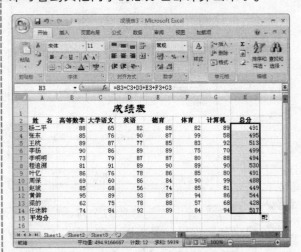

高手点拨

直接单击编辑栏左侧的"插入函数"按钮，可快速打开"插入函数"对话框。

9.7.2 输入函数

利用 Excel 中的函数功能，可以计算一些复杂的数据，下面以计算平均分为例介绍 Excel 中函数的使用方法。

第1步 **选中需要存放计算结果的单元格** ❶ 打开"成绩表 3.xlsx"工作簿。❷ 选中 B15 单元格。

第2步 **单击"插入函数"按钮** ❶ 单击"公式"选项卡。❷ 单击"函数库"组中的"插入函数"按钮。

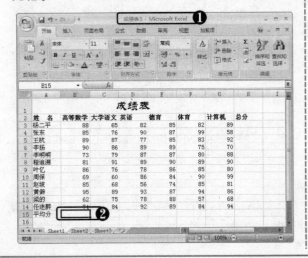

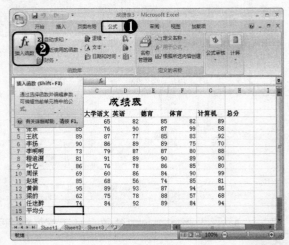

第3步 选择函数 ❶ 弹出"插入函数"对话框。❷ 在"选择函数"列表框中选择 AVERAGE 函数。❸ 单击"确定"按钮。

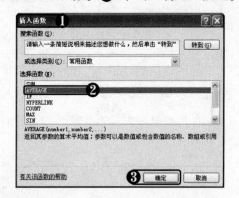

第4步 弹出"函数参数"对话框 ❶ 弹出"函数参数"对话框。❷ 单击 Number1 文本框右侧的 🔳 按钮。

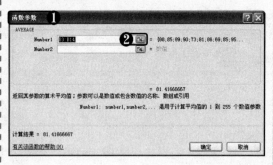

第5步 设置函数参数 ❶ 在工作表中选择需要计算的 B3：B14 单元格区域。❷ 单击"函数参数"对话框中的 🔳 按钮。

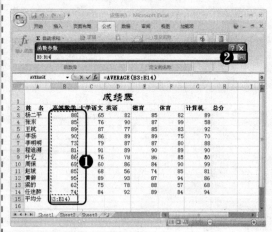

第6步 返回"函数参数"对话框 ❶ 返回

"函数参数"对话框。❷ 单击"确定"按钮。

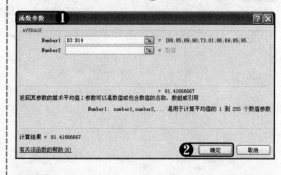

第7步 查看函数计算结果 在 B15 单元格中显示平均分的结果。将鼠标移至 H3 单元格的右下角，此时鼠标指针变为 ✚ 形状。

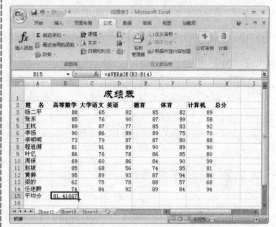

第8步 计算其他科目的平均分 当鼠标指针变为 ✚ 形状时，按住鼠标左键拖动至 G15 单元格。可看到计算出的其他科目的平均分。

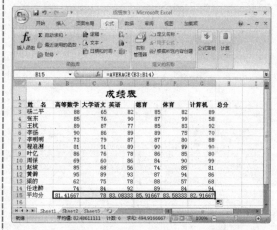

9.8 工作表的打印

在 Excel 中将表格制作完成后可以将其打印出来，在打印前首先要设置其打印区域，然后进行打印预览，最后才对其进行打印，下面将分别介绍这几部分的操作方法。

9.8.1 设置打印区域

如果工作表中的数据有很多，但用户只想打印其中一部分时，可以对其进行打印区域设置，这样打印出来的数据是设置的区域中的数据。

第1步 选中需要打印的单元格区域 ❶ 打开"成绩表 4.xlsx"工作簿。❷ 选择需要打印的 A2：D15 单元格区域。

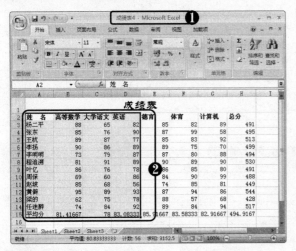

第2步 选择"设置打印区域"选项 ❶ 单击"页面布局"选项卡下的"页面设置"组中的"打印区域"下拉按钮。❷ 在弹出的下拉菜单中选择"设置打印区域"命令。

高手点拨

在"打印设置"组中，单击相应的功能按钮，还可以对工作表的页面进行相应的设置。

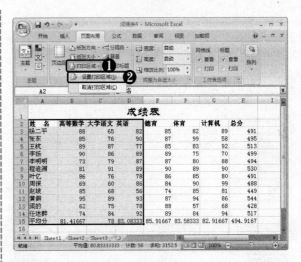

第3步 查看设置的打印区域 返回工作表操作区域。此时即可看到选中的 A2：D15 单元格区域被一个虚线框包围，说明虚线框内为选中的打印区域。

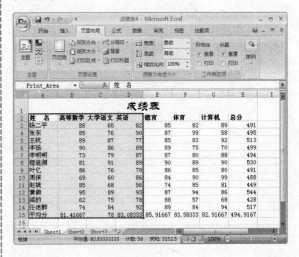

9.8.2 打印预览

设置完打印区域后就可以打印该工作表了，但在打印之前可以对工作表进行打印预览以保打印区域设置的准确性。

第1步 选择"打印预览"选项 ❶ 单击 Office 按钮。❷ 在弹出的下拉面板中选择"打印"|"打印预览"命令。

第2步 显示打印预览效果 进入打印预览视图模拟显示打印结果。对不满意的地方再进行相应的设置。完成后单击"预览"组中的"关闭打印预览"按钮，退出打印预览视图。

> **提示您**
> 在"页面设置"对话框的"页面"选项卡中可以对纸张大小、打印质量和起始页码等进行设置。

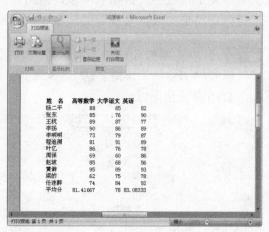

9.8.3 打印工作表

查看完打印预览模拟显示打印结果后，若对其效果满意，就可以直接进行打印了，下面介绍打印工作表的方法。

> **多学点**
> 在"打印内容"对话框中单击"预览"按钮，也可切换至打印预览状态下进行打印预览。

第1步 选择"打印"选项 ❶ 单击 Office 按钮。❷ 在弹出的下拉面板中选择"打印"|"打印"选项。

第2步 弹出"打印内容"对话框 弹出"打印内容"对话框，在对话框内即可对相关内容进行设置，单击"确定"按钮即可对文档开始打印。

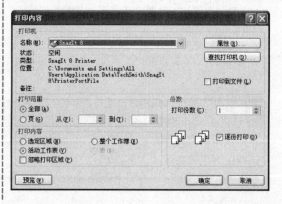

第10章

幻灯片设计——
PowerPoint 2007

PowerPoint 2007 也是微软公司推出的 Office 办公系列产品之一，与 Word 和 Excel 不同，PowerPoint 主要用于设计专业的演讲资料、产品演示等幻灯片，下面就来认识一下 PowerPoint 2007 吧！

- ✔ PowerPoint 2007 的工作界面
- ✔ 幻灯片的基本操作
- ✔ 文本的编辑
- ✔ 丰富幻灯片
- ✔ 设置幻灯片的主题
- ✔ 背景的设置
- ✔ 母版的应用
- ✔ 动画的添加
- ✔ 幻灯片放映

小神通，听说使用 PowerPoint 2007 可以制作出精美的幻灯片，是这样吗？

没错，PowerPoint 2007 是一款功能强大的软件，设计者可以通过它将自己所要表达的信息制作成一组图文并茂的画面，最终以 PPT 的形式呈现出来。

说的很对，PowerPoint 2007 能制作出集文字、图形、声音以及视频剪接等多媒体元素于一体的演示文稿，因其功能强大受到了众多人的青睐。

10.1 PowerPoint 2007 的工作界面

启动 PowerPoint 2007 以后，就进入了 PowerPoint 2007 的工作界面，如下图所示。

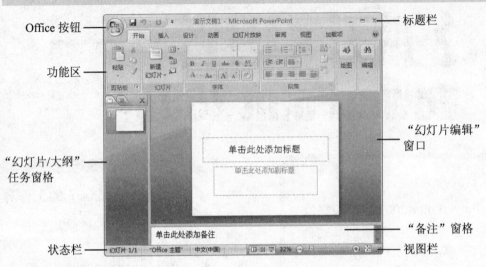

1．Office 按钮

位于 PowerPoint 2007 左上角，单击它将弹出下拉菜单 。

2．快速访问栏

在默认情况下位于工作界面的顶部，用于快速执行某些操作，单击其右侧的 按钮，弹出下拉菜单，此时即可添加需要的按钮，如右图所示。

3．标题栏

位于快速启动栏右侧，如下图所示。

4．功能区

位于标题栏的下方，选择上方的选项卡，在下方显示出相应的编辑工具，如下图所示。

5．"幻灯片/大纲"任务窗格

"幻灯片/大纲"任务窗格中主要包括"幻灯片"选项卡，用户可以通过切换这两个选项卡来对幻灯片进行编辑，如右图所示。

6.“幻灯片编辑”窗口

位于 PowerPoint 2007 操作界面的中间位置，主要用于显示和编辑幻灯片，如右图所示。

7.“备注”窗格

位于“幻灯片编辑”窗口下方，用户可以输入有关幻灯片的各种注释信息，如下图所示。

单击此处添加备注

8．状态栏

位于工作界面左下角，主要用于显示幻灯片页数等信息，如右图所示。 幻灯片 1/1 "Office 主题" 中文(中国)

9．视图栏

位于状态栏的右侧，用于切换视图的显示方式等，如右图所示。 32%

10.2 幻灯片的基本操作

在制作幻灯片的时候往往需要插入新的幻灯片，选择、移动和复制幻灯片等基本操作，下面就简单来了解一下幻灯片的基本操作。

10.2.1 插入幻灯片

为了实现制作的需要，有时候需要在演示文稿中插入新的幻灯片，其具体操作如下：

第1步 新建演示文稿　新建 PowerPoint 演示文稿。

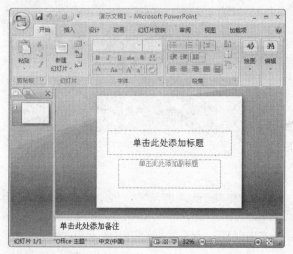

第2步 插入幻灯片　❶ 单击“开始”选项卡。❷ 在“幻灯片”组中单击“新建幻灯片”按钮，即可插入一张新的幻灯片。

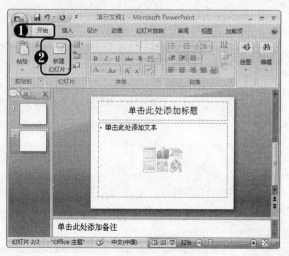

10.2.2 选择幻灯片

在对演示文稿进行编辑时，选择幻灯片是最基本的操作，下面就简单介绍一下如何选择幻灯片。

第1步 选中单张幻灯片　单击需要选择的幻灯片即可选中该幻灯片。

第2步 选择不连续的多张幻灯片　单击需要选择的第一张幻灯片，按住【Ctrl】键不放，依次选择其他幻灯片，即可选择不连续的多张幻灯片。

第3步 选择连续的多张幻灯片　单击需选择的第一张幻灯片，按住【Shift】键不放，选择最后一张需要的幻灯片，即可选择连续的多张幻灯片。

第4步 选择全部幻灯片　按【Ctrl+A】组合键即可选择全部幻灯片。

高手点拨

在按【Ctrl】键选择不连续的幻灯片时，单击选中某张幻灯片，再次单击此幻灯片即可取消幻灯片的选中状态。

10.2.3 复制幻灯片

幻灯片的复制和移动也是经常要用到的操作，具体操作步骤如下：

第1步 **复制幻灯片** 选择需要复制的幻灯片，在幻灯片上右击，在弹出的快捷菜单中选择"复制"命令。

第2步 **粘贴幻灯片** 在合适的位置右击，在弹出的快捷菜单中选择"粘贴"命令。

第3步 **选择"复制幻灯片"选项** 在幻灯片上右击，在弹出的快捷菜单中选择"复制幻灯片"命令，此时即可将幻灯片默认粘贴到此幻灯片后。

高手点拨

用户还可以通过其他的方法复制幻灯片：
选择需要移动的幻灯片，按住【Ctrl】键将其拖动到适合的位置，释放鼠标左键即可。

10.2.4 删除幻灯片

对于无用的幻灯片可以将其删除，具体操作步骤如下：

第1步 **选择"删除幻灯片"选项** 选择要删除的幻灯片，在幻灯片上右击，在弹出的快捷菜单中选择"删除幻灯片"命令。

第2步 **删除幻灯片** 此时即可将幻灯片删除。

10.3　文本的编辑

在 PowerPoint 2007 中，通过文本更能直观地反应设计者的理念和想法，下面就详细介绍如何编辑文本。

10.3.1　输入文本

文本的输入方法有多种，可以通过占位符来输入文本，还可以在"大纲"窗格中输入，除此之外，也可以通过插入文本框来进行文本的输入。

1．在文本占位符中输入

在新建幻灯片后，在幻灯片中都会出现本身含有文字的文本框，这类文本框就是文本占位符，在文本占位符中输入文本的具体操作步骤如下：

第1步　新建演示文稿　创建一个新的演示文稿，此时可以看到在"幻灯片编辑"窗口中自带有两个文本占位符。

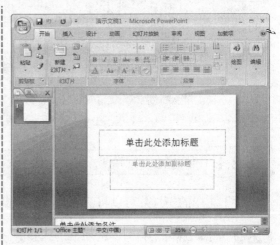

高手点拨

占位符是输入文本或添加图片的场所，用户可以根据需要调整占位符的大小，方法是：将鼠标指针定位到占位符四周的控制点，然后通过拖动鼠标进行调整。

第2步 显示文本插入点 在文本占位符中单击，此时将显示出文本的插入点。

第3步 输入文本 在文本插入点输入文本即可。

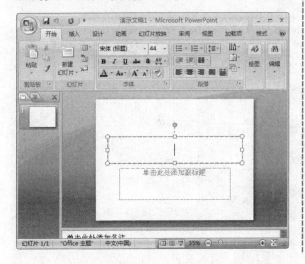

2. 在"大纲"窗格中输入

在"大纲"窗格中输入文本的具体操作步骤如下：

第1步 插入幻灯片 插入一张新的幻灯片，并切换到"大纲"窗格。

第2步 输入文本 在"大纲"窗格中输入文本。

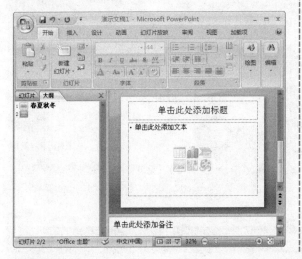

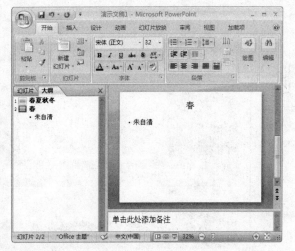

 高手点拨

在"大纲"窗格中输入文本，其最大的好处就是不必考虑幻灯片的整体效果，更利于文本的快速输入。

3. 插入文本框输入文本

通过插入文本框可以输入更多的文本，具体操作步骤如下：

第1步 插入幻灯片　在演示文稿中插入新的幻灯片。

问：插入幻灯片还有其他的简单方法吗？

答：有的，在"幻灯片"窗格中选择某张幻灯片后，按【Enter】键即可在此幻灯片下方插入一张默认格式的幻灯片。

第2步 选择"横排文本框"选项　❶ 单击"插入"选项卡。❷ 在"文本"组中单击"文本框"下拉按钮。❸ 在弹出的下拉列表中选择"横排文本框"选项。

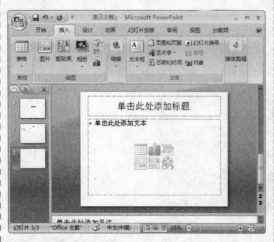

问：插入垂直文本框的操作跟横排文本框一样吗？

答：操作方法是一样的，只是输出文本的格式不一样。

第3步 绘制文本框　此时即可拖动鼠标绘制文本框。

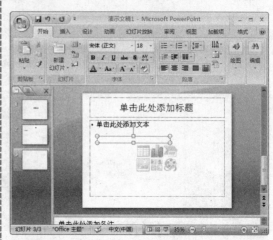

第4步 输入文本　插入文本框后即可在演示文稿内输入文本。

 高手点拨

　　在插入文本框后，只有在文本框边框为虚线，并且内部有闪动的光标时才可以输入文本，如果文本框的边框为实线，在这种情况下是不能进行文本输入的，并且在插入文本时上下可以根据文本自动调整文本框的高度，但左右宽度不会随着文本变化而变化。

10.3.2　编辑文本

　　输入文本后，往往还要对文本进行编辑，具体操作步骤如下：

第1步 打开演示文稿 打开光盘中存储的"素材\第 10 章\工程规划.pptx"文件。

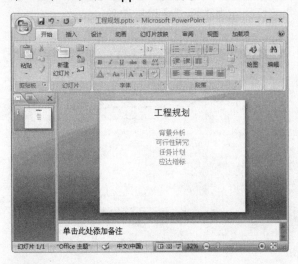

第2步 选中文本 选中标题文本，此时标题文本呈蓝底黑字显示。

第3步 设置标题文本 在"开始"选项卡"字体"组中将"字体"设置为"方正行楷简体"，"字号"设置为 54，"颜色"设置为"红色"。

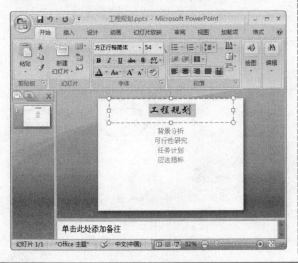

高手点拨

对于多处要设置成同一格式的文本，可以使用格式刷工具，其方法与 Word 类似。

第4步 添加项目符号 ❶ 选中标题文本下方的文本内容，在"段落"组中单击"项目符号"下拉按钮。❷ 在弹出的下拉面板中选择"带填充效果的钻石形项目符号"选项。

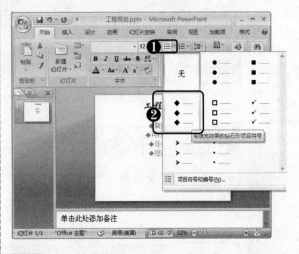

第5步 设置加粗和对齐方式 ❶ 在"字体"组中单击"加粗"按钮。❷ 在"段落"组中单击"左对齐"按钮。

第6步 设置文本行距 ❶ 在"段落"组中单击"行距"下拉按钮。❷ 在弹出的下拉列表中选择 1.5 选项。

第7步 设置字符间距 ❶ 在"字体"组中单击"字符间距"下拉按钮。❷ 在弹出的下拉列表中选择"稀疏"选项。

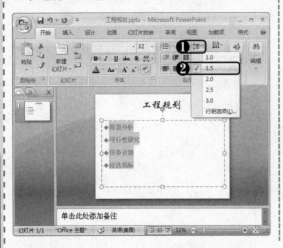

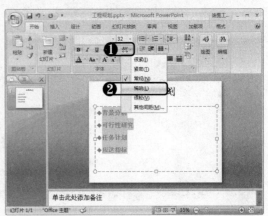

10.4 丰富幻灯片

对演示文稿进行文本编辑后用户还可以对其进行充实和美化，例如插入艺术字、图片等。

10.4.1 插入艺术字

为了更好的美化演示文稿，用户可以任意插入需要的艺术字，具体操作步骤如下：

第1步 打开演示文稿 打开光盘中存储的"素材\第 10 章\巅峰设计.pptx"文件。

选项卡。❷ 在"文本"组中单击"艺术字"下拉按钮。❸ 在弹出的下拉面板中选择需要添加的艺术字样式。

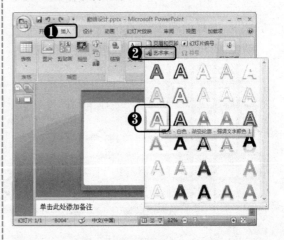

第2步 选择艺术字样式 ❶ 单击"插入"

第3步 **插入文本框** 此时在幻灯片中自动插入一个文本框。

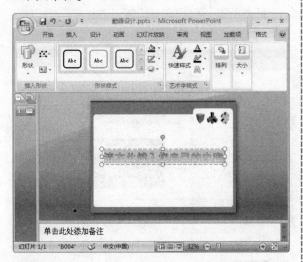

第4步 **输入文本** 在文本框中输入需要的文本。

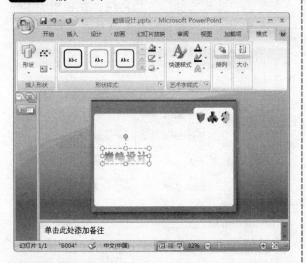

第5步 **设置外观样式** 在"形状样式"组中单击

"外观样式"下拉按钮，在弹出的下拉面板中选择需要设置的形状样式。

第6步 **设置形状效果** ❶ 在"形状样式"组中单击"形状效果"下拉按钮。❷ 在弹出的下拉列表中选择需要设置的形状效果。

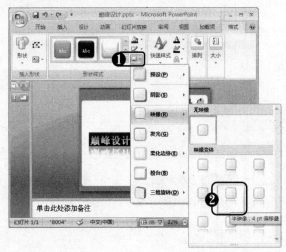

 高手点拨

单击"格式"选项卡，在"艺术字样式"组中还可以对文本轮廓和文本效果等选项进行设置。

10.4.2 插入图片

为了更好的达到丰富幻灯片内容的效果，往往还需要在演示文稿中插入图片，具体操作步骤如下：

第1步 单击"图片"按钮 ❶ 单击"插入"选项卡。❷ 在"插图"组中单击"图片"按钮。

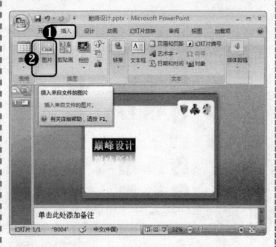

第2步 选择图片 ❶ 弹出"插入图片"对话框，选择要插入的图片。❷ 单击"插入"按钮。

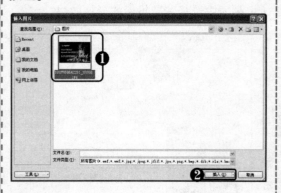

第3步 插入图片 此时图片便以默认大小和位置插入到了幻灯片中。

第4步 设置亮度和对比度 选择需要调整的图片，单击"格式"选项卡。在"调整"组中设置"亮度"为+10%，"对比度"为+20%。

第5步 设置外观样式 在"图片样式"组中单击"外观样式"下拉按钮，在弹出的下拉面板中选择需要设置的外观样式。

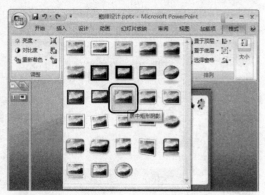

第6步 选择图片效果 ❶ 在"图片样式"组中单击"图片效果"下拉按钮。❷ 在弹出的下拉面板中选择需要设置的图片效果。

第7步 调整图片大小　将鼠标移动到图片右下角，当鼠标指针呈现↖形状时，即可通过拖动鼠标调整图片的大小。

第8步 调整图片的位置　将鼠标移动到图片上，当鼠标指针呈现↖形状时，即可拖动图片至合适的位置。

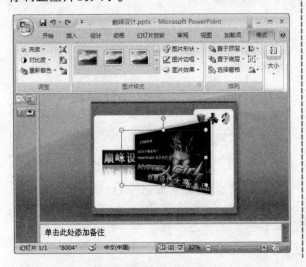

10.4.3 插入剪贴画

为了配合图片效果，经常还会要在演示文稿中插入剪贴画，具体操作步骤如下：

第1步 单击"剪贴画"按钮　❶ 单击"插入"选项卡。❷ 在"插图"选项组中单击"剪贴画"按钮。

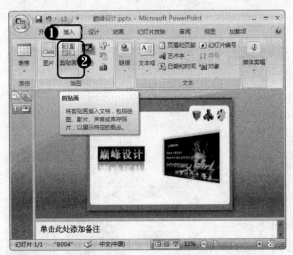

第3步 插入剪贴画　在任务窗格下方显示出搜索结果以后，双击剪贴画将其插入到幻灯片中。

第2步 输入搜索信息　❶ 弹出"剪贴画"任务窗格，在"搜索文字"栏中输入"汽车"。❷ 单击"搜索"按钮。

高手点拨

在搜索出的剪贴画上右击，在弹出的快捷菜单中选择"预览/属性"命令，即可查看剪贴画的详细信息。

高手点拨

在搜索出的剪贴画上右击，在弹出的快捷菜单中选择"查找类似样式"选项，即可快速找出与它类似的剪贴画。

第4步 设置亮度和对比度 插入剪贴画后，关闭任务窗格，在"调整"组中设置"亮度"为+20%，"对比度"为+20%。

第5步 设置透明色 ❶ 在"调整"组中单击"重新着色"下拉按钮。❷ 在弹出的下拉面板中选择"设置透明色"选项，为剪贴画设置透明色。

第6步 设置图片效果 ❶ 在"图片样式"组中单击"图片效果"下拉按钮。❷ 在弹出的下拉列表中选择需要设置的图片效果。

第7步 调整剪贴画位置和大小 之后调整剪贴画位置和大小。

高手点拨

右击插入的剪贴画，在弹出的快捷菜单中选择"超链接"命令，在弹出的对话框中可以设置超链接。

10.4.4 插入表格

在演示文稿中表格的插入也是用户经常要使用的操作，下面就来详细介绍如何插入和设置表格。

第1步 打开演示文稿 打开光盘中存储的"素材\第 10 章\员工档案表.pptx"文件。

第2步 选择行数和列数 ❶ 选择需要插入表格的幻灯片，单击"插入"选项卡。❷ 在"表格"组中单击"表格"下拉按钮。❸ 在弹出的下拉面板的网格中拖动鼠标，当达到所需要的行列数时单击。

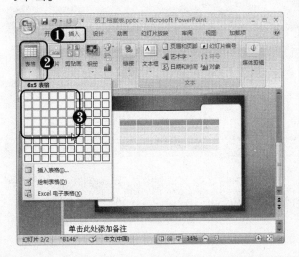

第3步 插入表格 此时便将表格插入到了幻灯片中。

第4步 输入文本 插入表格后，即可在表格中输入文本。

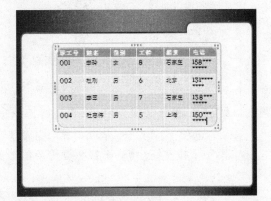

 高手点拨

用户在"插入表格"对话框中设置行数和列数。

第5步 调整表格大小和位置. 之后对表格的大小和位置进行调整。

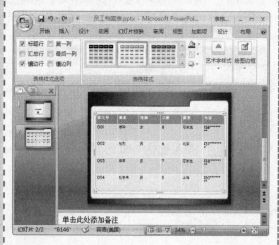

第6步 设置字号 ❶ 选中表格内部的文本，单击"开始"选项卡。❷ 在"字体"组中单击"字号"下拉按钮。❸ 在弹出的下拉列表中选择24选项。

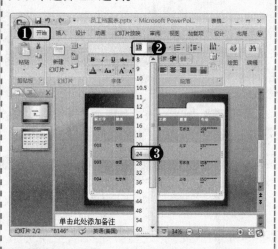

第7步 设置效果 ❶ 选中表格，单击"设计"选项卡。❷ 在"表格样式"组中单击"效果"下拉按钮。❸ 选择需要设置的效果。

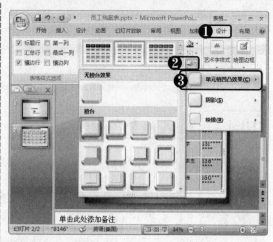

第8步 最终效果 最后即可得到表格的最终效果。

高手点拨

除了上面讲到的设置方法，用户还可以根据需要进行其他的设置。

10.4.5 创建相册

PowerPoint 2007的"相册"功能不仅方便了用户将多张喜欢的图片插入到演示文稿中，还省去了自定义每张图片的麻烦，下面将简单介绍如何应用PowerPoint 2007的"相册"功能。

第1步 新建演示文稿　新建演示文稿，另存为"插入相册.pptx"。

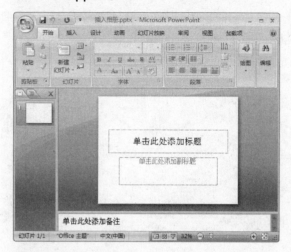

第2步 选择"新建相册"选项　❶ 单击"插入"选项卡。❷ 在"插图"组中单击"相册"下拉按钮。❸ 在弹出的下拉列表中选择"新建相册"选项。

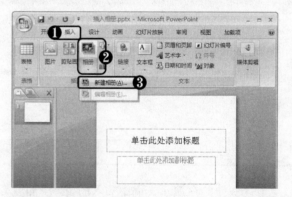

第3步 单击"文件/磁盘"按钮　弹出"相册"对话框，单击"文件/磁盘"按钮。

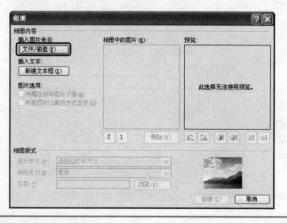

第4步 选择图片　❶ 在弹出的对话框中选择要插入的图片。❷ 单击"插入"按钮。

第5步 设置图片版式　❶ 返回"相册"对话框，在"相册版式"项目组中单击"图片版式"下拉按钮。❷ 在弹出的下拉列表中选择"2 张图片"选项。

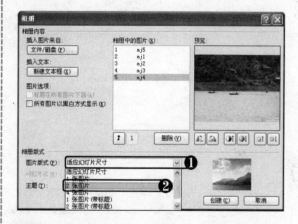

第6步 设置相框形状　❶ 在"相框形状"下拉列表框中选择"柔滑边缘矩形"选项。❷ 单击"主题"右侧的"浏览"按钮。

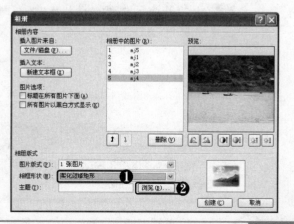

第7步 **选择主题** ❶ 弹出"选择主题"对话框，选择需要设置的主题。❷ 单击"选择"按钮。

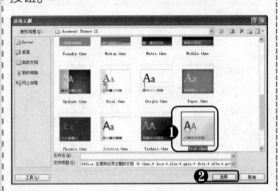

第8步 **创建相册** 返回"相册"对话框，单击"创建"按钮。

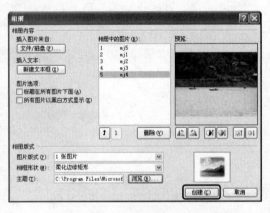

第9步 **最终效果** 此时即可看到创建相册的最终效果。

高手点拨

在创建完毕相册后，对于幻灯片中的图片还可以进行大小、位置的设置，并且幻灯片之间互不影响。

10.4.6 创建图表

使用 PowerPoint 2007 的图表功能可以更方便快捷的在演示文稿中插入图表，下面就介绍如何在演示文稿中创建图表。

第1步 **打开演示文稿** 打开光盘中存储的"素材\第 10 章\电器季度销售表.pptx"文件。

高手点拨

有时候，表格和图表配合使用更能清晰的表达数据想要描述的信息。

第2步 单击"图表"按钮 ❶ 选择需要插入图表的幻灯片。❷ 单击"插入"选项卡。❸ 在"插图"组中单击"图表"按钮。

第3步 选择图表类型 ❶ 打开"插入图表"对话框，在"柱形图"组中选择"簇状圆柱图"选项。❷ 单击"确定"按钮。

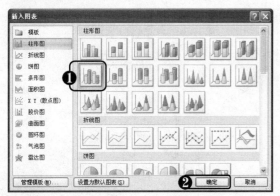

第4步 输入数据 在打开的窗口中输入数据。

第5步 创建好的图表。 此时即可看到创建好的图表。

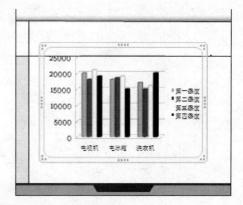

第6步 单击"更改图表类型"按钮 在"设计"选项卡下单击"类型"组中的"更改图表类型"按钮。

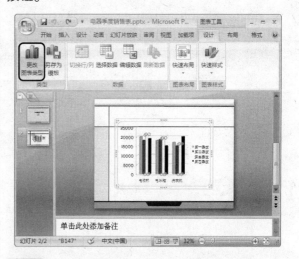

第7步 选择图表类型 ❶ 在弹出的对话框中选择"饼图"选项。❷ 在其右方的饼图列表中选择"三维饼图"选项。❸ 单击"确定"按钮。

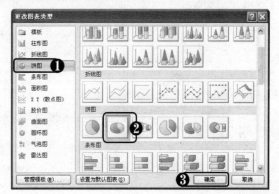

第8步 转化的饼状图 此时即可看到转化后的饼状图。

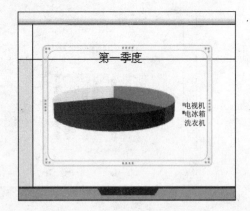

高手点拨

图表操作在 Office 2007 中也是经常要用到的操作，修改图表类型后，如果用户还想使用原来的图表类型，只需要转换成原来的类型即可。

10.5 设置幻灯片的主题

主题的设置主要包括对主题样式、颜色、字体以及效果的设置，下面将分别介绍如何设置主题。

10.5.1 设置主题样式

PowerPoint 2007 内提供了许多设计好的并可以直接应用于演示文稿的主题样式，大大方便了用户操作，下面将介绍如何对其进行设置。

第1步 单击"主题样式"按钮 ❶ 新建演示文稿，单击"设计"选项卡。❷ 在"主题"组中单击"主题样式"按钮。

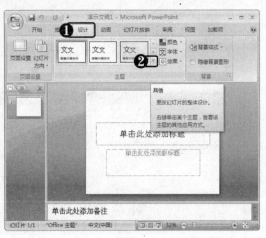

第2步 选择主题样式 在弹出的面板中选择需要设置的主题样式。

第3步 显示设置效果 此时即可显示出主题效果。

高手点拨

为幻灯片设置主题样式后，按【Enter】键添加的幻灯片也默认应用该主题。

第4步 新建幻灯片 ❶ 单击"开始"选项卡。❷ 在"幻灯片"组中单击"新建幻灯片"按钮。

第5步 显示添加的幻灯片 此时在演示文稿中添加了新的应用该主题的幻灯片。

10.5.2 设置主题颜色

用户创建了新的主题样式后，还可以根据自己的需要修改或者自定义喜欢的主题颜色，具体操作如下：

第1步 选择主题颜色 ❶ 单击"设计"选项卡。❷ 在"主题"组中单击"颜色"下拉按钮。❸ 在弹出的下拉列表中选择需要设置的颜色。

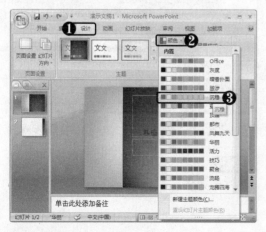

第2步 显示设置效果 此时即可看到设置后的效果。

第3步 选择"新建主题颜色"选项 ❶ 如果对现有的主题颜色不满意,还可以在"主题"组中单击"颜色"下拉按钮。❷ 在弹出的下拉面板中选择"新建主题颜色"选项。

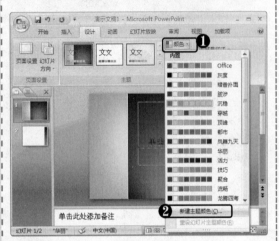

第4步 选择其他颜色 在打开的对话框中用户可以进行自定义设置,例如单击"强调文字颜色 1"下拉按钮,在弹出的下拉列表中选择"其他颜色"选项。

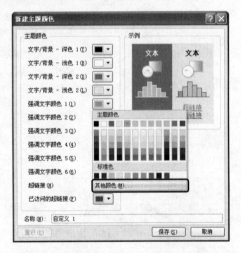

第5步 选择颜色 ❶ 在弹出的对话框中选择需要设置的颜色。❷ 单击"确定"按钮。

第6步 保存设置 返回"新建主题颜色"对话框,用户还可以按照上面的方法对其他选项进行设置,完成后单击"保存"按钮。

高手点拨

在"新建主题颜色"对话框中对主题进行设置时,如果不满意现有的设置,可以单击"重设"按钮重新设置。

10.5.3 设置字体

在 PowerPoint 2007 中不仅可以设置主题的颜色,还可以设置主题的字体,具体操作步骤如下:

第1步 选择字体 ❶ 在"设计"选项卡下单击"主题"组中的"字体"下拉按钮。❷ 在弹出的下拉列表中选择需要设置的字体。

第2步 显示效果 此时即可看到设置后的字体的效果。

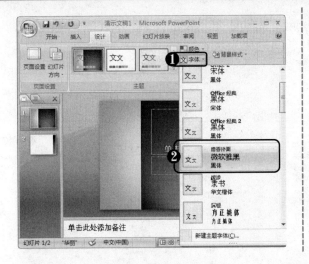

10.5.4 设置主题效果

设置主题效果的具体操作步骤如下：

第1步 **选择主题效果** ❶ 在"设计"选项卡下单击"主题"组中的效果下拉按钮。❷ 在弹出的下拉面板中选择需要设置的效果。

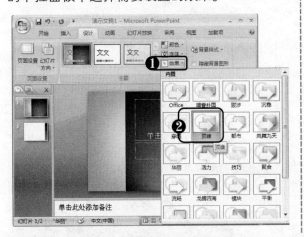

第2步 **显示主题效果** 此时即可看到设置后的效果。

10.6 背景的设置

背景的设置主要包括设置背景样式、隐藏背景图形，以及设置背景格式等，下面就来介绍如何进行背景的设置。

10.6.1 设置背景样式

设置背景样式的具体操作步骤如下：

第1步 选择背景样式 ❶ 单击"设计"选项卡。❷ 在"背景"组中单击"背景样式"下拉按钮。❸ 在弹出的下拉面板中选择需要设置的背景样式。

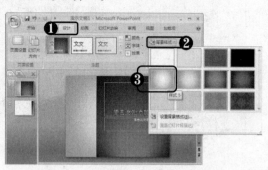

第2步 显示设置效果. 此时即可看到设置后的效果。

10.6.2 设置背景格式

设置背景格式的具体操作步骤如下：

第1步 单击"设置背景格式"扩展按钮 在"设计"选项卡下，单击"背景"组中的"设置背景格式"扩展按钮。

第2步 选择预设颜色 ❶ 在打开的对话框中单击"预设颜色"右侧的下拉按钮。❷ 在弹出的下拉面板中选择要设置的颜色。

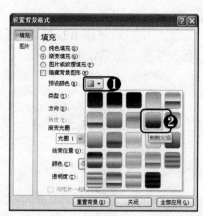

第3步 选择方向 ❶ 单击"方向"右侧的下拉按钮。❷ 在弹出的下拉面板中选择"线性对角"选项。❸ 单击"全部应用"按钮。

高手点拨

除了对背景进行渐变填充设置，还可以进行纯色填充、图片或纹理填充等。

第4步 设置效果　此时即可看到设置后的效果。

第5步 选择纹理　❶ 除此之外还可以设置纹理作为背景，打开"设置背景格式"对话框，选中"图片或纹理填充"单选按钮。❷ 单击"纹理"右侧的下拉按钮。❸ 在弹出的下拉面板中选择需要设置的纹理即可。

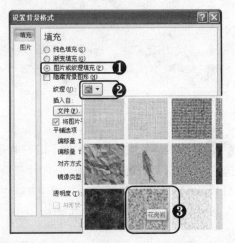

第6步 设置透明度　❶ 设置"透明度"为40%。❷ 单击"全部应用"按钮。

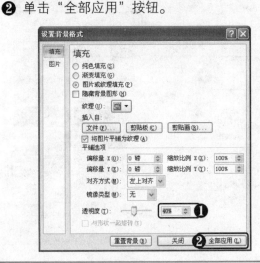

第7步 设置效果　此时即可看到设置后的效果。

第8步 单击"文件"按钮　❶ 如果用户对颜色和纹理都不满意，还可以插入图片作为背景颜色，打开"设置背景格式"对话框，选中"图片或纹理填充"单选按钮。❷ 单击"文件"按钮。

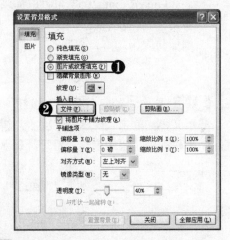

第9步 选择图片　❶ 在弹出的对话框中选择图片。❷ 单击"插入"按钮。

第10步 单击"全部应用"按钮 返回"设置背景格式"对话框,单击"全部应用"按钮。

第11步 显示设置效果 此时即可看到设置后的效果。

问:母版是用来做什么的呢?

答:母版用来制作具有统一标志和背景的内容、设置各级标题文本的格式。

10.7 母版的应用

PowerPoint 2007 为用户提供了幻灯片母版、讲义母版和备注母版,这些母版分别应用于不同的视图,其中幻灯片母版是用户经常要使用到的一类母版,下面将详细介绍如何应用幻灯片母版。

问:幻灯片的 3 种母版都经常使用吗?

答:这是要根据具体情况来定的,每个母版都有各自的功能,但是目前最常用的还是幻灯片母版。

第1步 单击"幻灯片母版"按钮 ❶ 新建演示文稿,单击"视图"选项卡。❷ 在"演示文稿视图"组中单击"幻灯片母版"按钮。

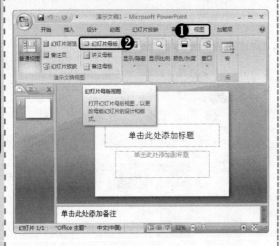

第2步 选择主题样式 ❶ 在"幻灯片母版"选项卡下选中"Office 主题 幻灯片母版"幻灯片。❷ 单击"编辑主题"组中的"主题"下拉按钮。❸ 在弹出的下拉面板中选择"平衡"样式。

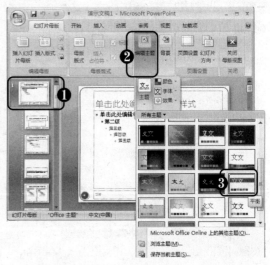

第3步 选择主题颜色 ❶ 单击"编辑主题"组中的"颜色"下拉按钮。❷ 在弹出的下拉列表中选择需要设置的颜色。

第4步 选择背景样式 ❶ 单击"背景"组中的"背景样式"下拉按钮。❷ 在弹出的下拉面板中选择需要设置的背景样式。

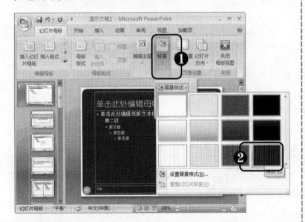

第5步 关闭母版 完成设置后单击"关闭母版视图"按钮，即可关闭母版。

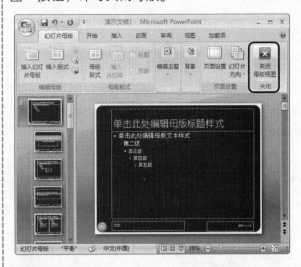

第6步 应用母版 此时即可看到设置好的幻灯片母版。

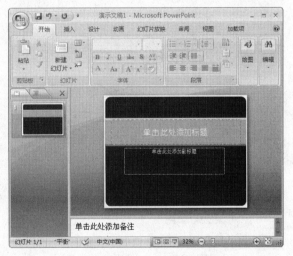

 高手点拨

幻灯片母版其实也可以看做普通的幻灯片，设置方法与其他幻灯片相同。

10.8 动画的添加

为了使幻灯片看起来更加生动和活泼，可以在幻灯片中添加动画效果和切换效果等，而所有这些操作都可以在"动画"组中实现。下面就来介绍添加动画的具体操作步骤。

第1步 打开演示文稿 打开光盘中存储的"素材\第 10 章\教育信息化.pptx"文件。

第2步 单击"自定义动画"按钮 ❶ 选中幻灯片 1，单击"动画"选项卡。❷ 在"动画"组中单击"自定义动画"按钮。

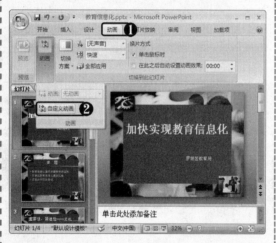

第3步 设置进入效果 ❶ 此时打开"自定义动画"任务窗格选中左侧文本，单击任务窗格中"添加效果"下拉按钮。❷ 在弹出的下拉列表中选择"进入"|"飞入"选项。

高手点拨

除了设置"飞入"效果，用户还可以对强调、退出等效果进行设置。

第4步 选择开始方式 ❶ 单击"开始"右侧的下拉按钮。❷ 在弹出的下拉列表中选择开始方式。

第5步 选择飞入方向 ❶ 单击"方向"右侧的下拉按钮。❷ 在弹出的下拉列表中选择飞入的方向。

第6步 选择"其他效果"选项 ❶ 选中另一处文本，单击"添加效果"下拉按钮。❷ 在弹出的下拉列表中选择"进入"|"其他效果"选项。

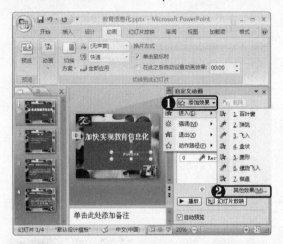

高手点拨

用户除了设置幻灯片的进入效果外，还可以对其强调、退出以及动作路径进行设置。

第7步 选择进入效果 ❶ 打开"添加进入效果"对话框，在"温和型"选项组中选择"回旋"选项。❷ 单击"确定"按钮。

第8步 选择切换效果 在"切换到此幻灯片"组中单击"切换方案"下拉按钮。在弹出的下拉面板中选择需要设置的切换效果。

第9步 选择切换声音 ❶ 在"切换到此幻灯片"组中单击"切换声音"下拉按钮。❷ 在弹出的下拉列表中选择"风铃"声音。

第10步 预览幻灯片 在"预览"组中单击"预览"按钮，即可看到动画效果。

10.9 幻灯片放映

在演示文稿制作完毕后，用户往往还要对幻灯片的放映进行设置，以便达到更好的放映效果。

10.9.1 设置放映类型

在通常情况下 PowerPoint 2007 默认的放映方式是演讲者放映（全屏幕），而在实际的放映中用户还可以选择其他放映类型，下面就介绍如何设置幻灯片的放映类型。

第1步 单击"设置幻灯片放映"按钮 ❶ 打开"教育信息化"演示文稿，单击"设置幻灯片放映"选项卡。❷ 在"设置"组中单击"设置幻灯片放映"按钮。

第3步 放映效果 在"开始放映幻灯片"组中单击"从头开始"按钮，即可看到放映效果。

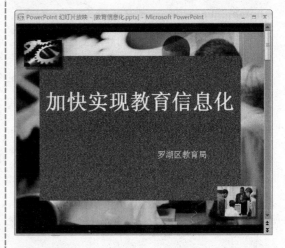

第2步 设置放映类型和放映选项 ❶ 在打开的对话框中选中"观众自行浏览（窗口）"单选按钮。❷ 选中"放映时不加旁白"复选框。❸ 单击"确定"按钮。

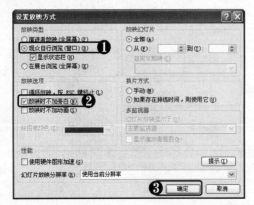

高手点拨

在实际应用中，采用演讲者放映（全屏幕）是用户所用最多的，也是最常用的放映方式。

高手点拨

默认情况下，在演示文稿中只能插入一种声音，若是已经在幻灯片中插入了自动播放的声音，在录制旁白后，会将其覆盖。

10.9.2 排练计时

通过排练计时，可以统计整个演示文稿和放映每张幻灯片所用的时间，下面就来介绍如何设置排练计时功能。

第1步 单击"排练计时"按钮 ❶ 打开"教育信息化"演示文稿，单击"幻灯片放映"选项卡。❷ 在"设置"组中单击"排练计时"按钮。

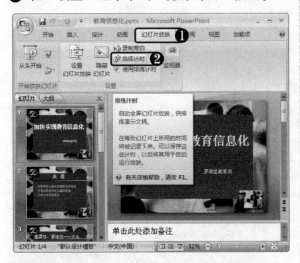

第2步 进入放映排练状态 此时屏幕打开"预演"工具栏，并开始计时，单击"下一项"按钮➡进行幻灯片切换。

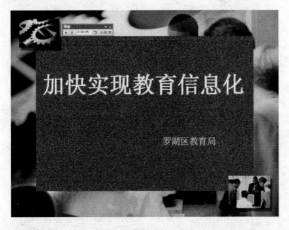

第3步 显示播放时间 此时即可显示每张幻灯片放映时所需要的时间。

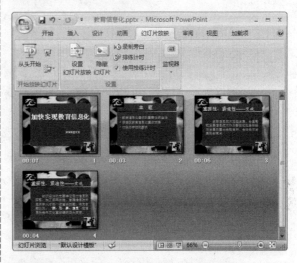

第4步 保存幻灯片排练时间 放映结束后，此时会弹出提示信息框，单击"是"按钮。

高手点拨

在排练计时的时候，应注意掌握各幻灯片的放映时间，以保证幻灯片的连贯性。

10.9.3 自定义放映

通过设置幻灯片的自定义放映，用户可以有选择的播放部分幻灯片，具体操作步骤如下：

第1步 **"定义放映"选项** ❶ 打开"教育信息化"演示文稿，单击"幻灯片放映"选项卡。❷ 在"开始放映幻灯片"组中单击"自定义幻灯片放映"下拉按钮。❸ 在弹出的下拉列表中选择"自定义放映"选项。

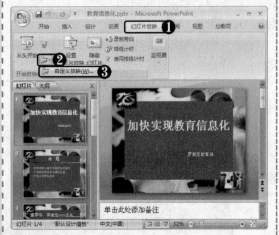

第2步 **"新建"按钮** 弹出"自定义放映"对话框，单击"新建"按钮。

第3步 **选择幻灯片** ❶ 弹出"定义自定义放映"对话框，在"幻灯片放映名称"文本框中输入文本。❷ 在"在演示文稿中的幻灯片"列表框中选择幻灯片。❸ 单击"添加"按钮。

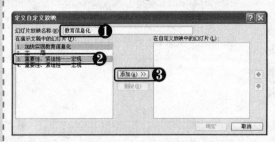

第4步 **添加的幻灯片** 此时即可在"自定义放映中的幻灯片"列表框中看到添加的幻灯片，单击"确定"按钮。

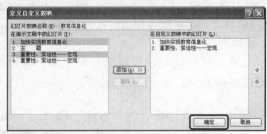

第5步 **单击"放映"按钮** 返回"自定义放映"对话框，单击"放映"按钮。

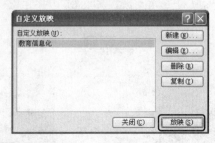

第6步 **播放效果** 此时幻灯片即可按照刚才的设置进行自定义播放。

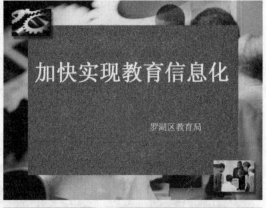

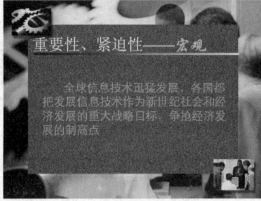

高手点拨

在"自定义放映"对话框中选择不需要的设置，单击"删除"按钮即可将其删除。

10.9.4 添加动作按钮

在幻灯片中添加动作按钮后，进行幻灯片播放时，通过动作按钮可切换到指定的幻灯片。具体操作步骤如下：

第1步 选择动作按钮 ❶ 打开"教育信息化"演示文稿，单击"插入"选项卡。❷ 在"插图"组中单击"形状"下拉按钮。❸ 在弹出的下拉面板中选择"动作按钮"栏下的"前进或下一项"选项。

第2步 绘制动作按钮 当鼠标指针呈现十形状时，在幻灯片空白区域单击，并拖动鼠标进行绘制，同时打开"动作设置"对话框。

第3步 选择链接到的幻灯片 ❶ 在打开的对话框中选中"超链接到"单选按钮。❷ 在其下方的下拉列表框中选择"最后一张幻灯片"选项。❸ 单击"确定"按钮。

第4步 单击"从头开始"按钮 ❶ 单击"幻灯片放映"选项卡。❷ 在"开始放映幻灯片"组中单击"从头开始"按钮。

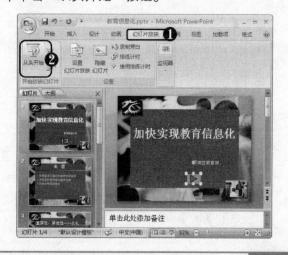

第5步 单击动作按钮 放映幻灯片，单击动作按钮 ▶。

第6步 切换到最后一张幻灯片 此时切换到最后一张幻灯片。

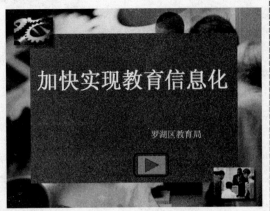

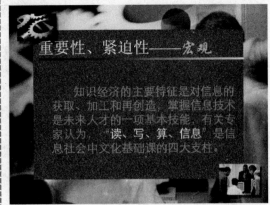

电脑小·专家

问：添加动作按钮有什么作用？

答：使用动作按钮可以很方便的转到自己想观看的幻灯片或者结束放映。

新手巧上路

问：单击鼠标和鼠标移过有什么不同？

答：顾名思义，单击鼠标是指必须在按钮上单击才能进行切换，而鼠标移过是指鼠标从按钮上移过就可以进行切换。

● 学习笔录

第11章

轻松搞定局域网

章前导读

本章将为大家介绍局域网的基础操作。从了解局域网的基础知识开始，将介绍配置局域网需要的硬件设备，然后组建局域网，最后将介绍应用局域网中的资源。

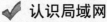 认识局域网

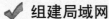 组建局域网

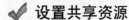 设置共享资源

✔ 访问共享资源

 小灵通，我们寝室有3台电脑，平时在共享资料时，使用硬盘插插拔拔很不方便，对于这个问题有什么更好的解决方法吗？

 这好办，把这几台电脑组建成一个局域网就行了。走，我们去找博士，让他教教你如何连接局域网，实现资源共享吧！

 好吧，这一章我们就来学习一下关于局域网的知识，掌握了这些知识，你将不仅会自己组建局域网，还可以轻松实现资源共享，并访问他人共享资源。

11.1 认识局域网

根据规模可将网络划分为局域网（LAN）、城域网（MAN）和广域网（WAN）。其中，局域网是日常生活中最常见的，主要应用在多台计算机的家庭、学校和公司网络中。下面我们就来介绍一下局域网的操作和使用。

11.1.1 了解局域网

局域网（local area network），简称 LAN，是指在某一区域内，将各种计算机、外部设备和数据库等互相联接起来组成的计算机通信网。局域网是封闭型的，可以由办公室内的两台计算机组成，也可以由一个公司内的上千台计算机组成。局域网可以实现文件管理、应用软件共享、打印机共享、工作组内的日程安排、电子邮件和传真通信服务等功能。

局域网有以下特点：

- 覆盖范围一般在几千米以内。
- 采用专用的传输媒介来构成网路，传输速率在 1Mbit/s 到 100Mbit/s 之间或更高。
- 多台（一般在数十台到数百台之间）设备共享一个传输媒介。
- 网络的布局比较规则，在单个局域网内部一般不存在交换节点与路由选择问题。
- 拓扑结构主要为总线形和环形。

11.1.2 组建局域网的硬件设备

组建一个家庭局域网需要的投入量并不大，只需要购买一些硬件设备搭建起来即可。主要用到一下几种硬件设备：

1. 网络适配器（即网卡）

为每台计算机配置一个网卡，将其安装在电脑的扩展槽上，负责将网线传递的信号翻译成计算机可以识别的信号。通常购买来的电脑都已经安装了网卡。

2. 集线器（Hub）或交换机

一个局域网只需要配置一个集线器或交换机，集线器相当于网络信号的中转站，负责交换来自不同电脑的网络信号。在购买集线器时要注意连接接口要足够多，根据局域网中需要连接的计算机的数量决定。

3. 网线

每台计算机需要一根两端都带水晶头的网线，一端插入网卡接口，另一端插到集线器上。网线负责传递网络信号。

11.1.3　局域网结构图

准备好了以上硬件设备，就可以按照下面的结构图连接起来搭建局域网。下图为一个局域网的拓扑图，其中 Internet 为外网，Router 为路由器，Switch 为交换机，PC 为个人电脑，如下图所示。

认识了局域网并搭建好了物理连接后，还需要在电脑上进行网络配置，下面就将介绍一下如何进行网络连接配置。

两台电脑连接可以不用集线器，直接用网线（经过"跳线"处理）将两台电脑通过网卡连接起来，即可组成一个简单的局域网络。

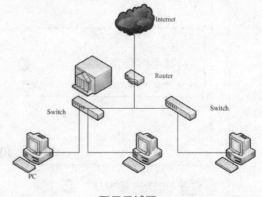

配置局域网

11.2　组建局域网

要想在局域网中进行文档的共享，首先要组建局域网，下面就来介绍一下如何在电脑中组建局域网。

11.2.1　运行网络安装向导

首先要运行网络安装向导，对局域网进行安装。

第1步 打开"网络安装向导" ❶ 单击"开始"按钮。❷ 在弹出的"开始"菜单中选择"所有程序" | "附件" | "通讯" | "网络安装向导"选项。

第2步 单击"下一步"按钮 弹出"网络安装向导"对话框，单击"下一步"按钮。

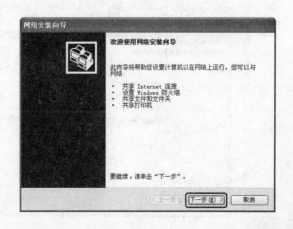

第3步 **继续操作** ❶ 进入"继续之前"界面,按照提示完成操作。❷ 单击"下一步"按钮。

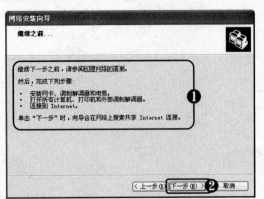

第4步 **选择连接方法** ❶ 进入"选择连接方法"界面,选择"此计算机通过居民区的网关或网络上的其他计算机连接到 Internet"单选按钮。❷ 单击"下一步"按钮。

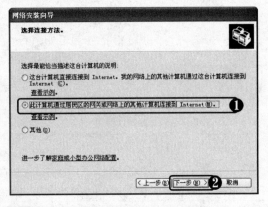

第5步 **输入计算机描述和名称** ❶ 进入"给这台计算机提供描述和名称"界面,输入计算机描述和计算机名。❷ 单击"下一步"按钮。

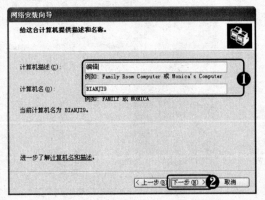

第6步 **为网络命名** ❶ 进入"命名您的网络"界面,输入工作组名。❷ 单击"下一步"按钮。

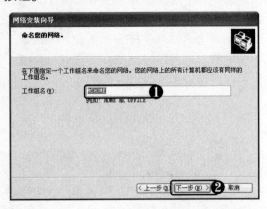

第7步 **设置文件和打印机共享** ❶ 进入"文件和打印机共享"界面,选择"启用文件和打印机共享"单选按钮。❷ 单击"下一步"按钮。

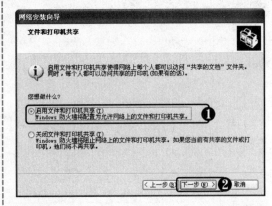

第8步 **准备应用网络设置** 进入"准备应用网络设置"界面,显示刚刚进行的设置信息,确认无误后,单击"下一步"按钮。

第9步 开始安装 进入到网络安装界面，此时系统开始安装网络，此过程需要等待一段时间。

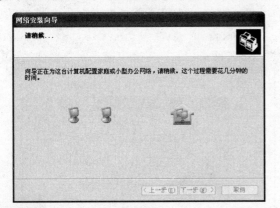

第10步 设置安装向导 ❶ 进入到"快完成了"界面，选择"完成该向导，我不需要在其他计算机上运行该向导"单选按钮。❷ 单击"下一步"按钮。

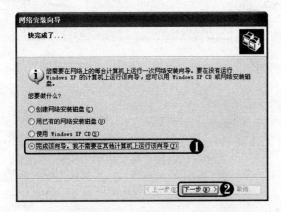

第11步 完成安装向导 进入"正在完成网络安装向导"界面，单击"完成"按钮。

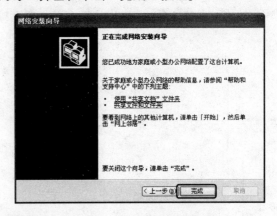

第12步 重启计算机 弹出提示信息框，单击"是"按钮，重启计算机使设置生效。

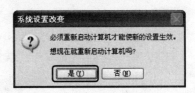

高手点拨

　　若在"系统设置改变"对话框中单击"否"按钮，则系统不会立即重启，那么用户所做的设置也就不会立即生效。

11.2.2 设置 IP 地址和工作组

　　完成网络安装后，还需要为计算机配置 IP 地址和工作组，这样才能在网络中进行通信。

1. 设置 IP 地址

第1步 打开"网络连接"窗口 ❶ 在"网上邻居"图标上右击。❷ 在弹出的快捷菜单中选择"属性"命令。

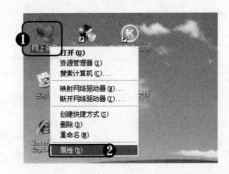

第2步 打开"本地连接 属性"对话框 ❶ 打开"网络连接"窗口,在"本地连接"图标上右击。❷ 在弹出的快捷菜单中选择"属性"命令。

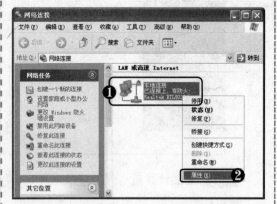

第3步 打开 Internet 协议属性 ❶ 弹出"本地连接属性"对话框,选择"Internet 协议(TCP/IP)"选项。❷ 单击"属性"按钮。

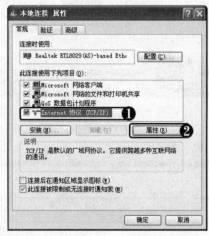

2. 设置工作组

设置工作组的操作方法如下:

第1步 打开"系统属性"对话框 ❶ 在"我的电脑"图表上右击。❷ 在弹出的快捷菜单中选择"属性"命令。

第4步 设置 IP 地址和 DNS 服务器地址 ❶ 弹出"Internet 协议(TCP/IP)属性"对话框,选择"使用下面的 IP 地址"单选按钮。❷ 设置 IP 地址和子网掩码。❸ 在"首选 DNS 服务器"文本框中输入服务器地址。❹ 单击"确定"按钮。

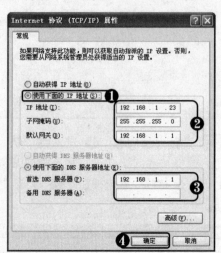

高手点拨

对于只有两台计算机组成局域网,此时不需要通过路由器或者集线器,直接用网线将两台计算器连接起来,然后再设置工作组和 IP 地址即可。

第2步 单击"更改"按钮 ❶ 弹出"系统属性"对话框，选择"计算机名"选项卡。❷ 单击"更改"按钮。

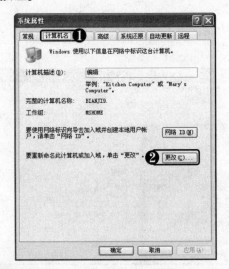

第4步 **确认更改** 弹出"计算机名更改"提示信息框，单击"确定"按钮。

第3步 **输入新工作组的名称** ❶ 弹出"计算机名称更改"对话框，在"隶属于"选项区域中的"工作组"文本框中输入工作组的新名称。❷ 单击"确定"按钮。

第5步 **重启电脑** 弹出"计算机名更改"提示信息框，单击"确定"按钮，重启电脑使设置生效。

11.3 设置共享资源

在局域网连接配置完成后，用户就可以访问网络中的其他计算机，并且共享资源了。下面我们就来学习一下如何进行文件夹、磁盘驱动器和打印机的共享设置。

11.3.1 共享文件夹

若想共享文件夹，则首先需要把某个文件夹设置为共享文件夹，然后把要共享的文件都移动或复制到该文件夹中。下面以共享"歌曲"文件夹为例进行这方面的讲解。

第1步 选择"共享和安全"命令 ❶ 在"歌曲"文件夹上右击。❷ 在弹出的快捷菜单中选择"共享和安全"命令。

高手点拨

工作组就是一种网络资源管理模式，其作用就相当于资源管理器中的文件夹。

问：将一个文件夹设为共享后，它其中所包括的子文件夹被共享了吗？

答：当然了，这个文件夹中的所有文件和子文件夹都将被共享。

第2步 进行共享设置 ❶ 弹出"歌曲 属性"对话框，选中"在网络上共享这个文件夹"复选框。❷ 在"共享名"文本框中输入共享名称。❸ 单击"确定"按钮。

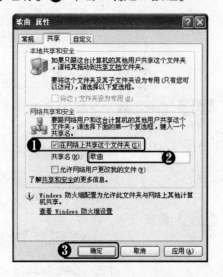

第3步 共享成功 此时返回文件夹，可看到该文件夹下方出现了一个小手图标，表明该文件夹已经共享成功。

11.3.2 共享磁盘驱动器

如果要共享的文件很多，并且都集中在一个磁盘上，此时不妨直接共享这个磁盘驱动器，避免移动文件的麻烦。下面以共享 D 磁盘为例进行介绍。

问：我的文件夹被共享后，其他用户都可以修改我的文件吗？

答：如果不想让网络中其他用户修改自己的文件，可以在共享步骤中的第 2 步中，不选中"允许网络用户更改我的文件"复选框。

第1步 右击磁盘 ❶ 打开"我的电脑"窗口，在 D 盘上右击。❷ 在弹出的快捷菜单中选择"共享和安全"命令。

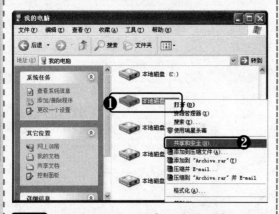

第2步 单击超链接 弹出"本地磁盘（D:）属性"对话框，单击"如果您知道风险，但还要共享驱动器的根目录，请单击此处"超链接。

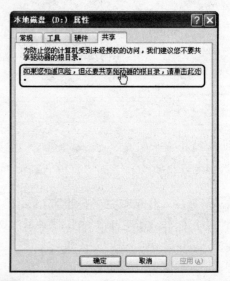

第3步 共享设置 ❶ 选中"在网络上共享这个文件夹"复选框。❷ 在"共享名"文本框中输入共享名称。❸ 单击"确定"按钮。

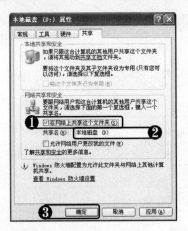

到磁盘下方出现一个小手的图标，说明磁盘已经共享成功。

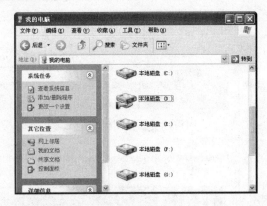

第4步 共享成功　返回"我的电脑"窗口，可看

11.3.3 共享打印机

在局域网中，多台电脑可以共用一台打印机，只需将一台打印机设为共享，其他电脑就都可以使用了。

第1步 打开"打印机和传真"窗口 ❶ 单击"开始"按钮。❷ 选择"打印机和传真"命令。

高手点拨

在"控制面板"窗口中双击"打印机和传真"图标，也可以打开"打印机和传真"窗口。

第2步 移动窗口到目标位置 ❶ 打开"打印机和传真"窗口，右击需要共享的打印机。❷ 在弹出的快捷菜单中选择"共享"命令。

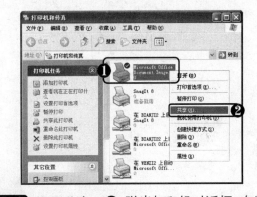

第3步 设置共享 ❶ 弹出打印机对话框，在"共享"选项卡下选中"共享这台打印机"单选按钮。❷ 在"共享名"文本框中输入共享名称。❸ 单击"确定"按钮。

第4步 **共享成功** 返回"打印机和传真"窗口，可看到此时的打印机下方出现一个小手图标，说明打印机已经共享成功。

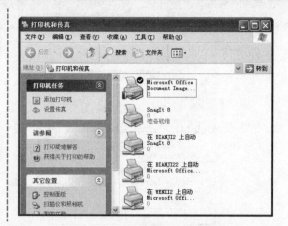

高手点拨

只有连接了打印机的电脑才能实现打印机共享。

11.4 访问共享资源

在设置好资源共享后，局域网中的用户就可以共享资源了。

11.4.1 访问共享文件夹

访问共享磁盘和共享文件夹方法类似，在此我们只介绍访问共享文件夹的两种方法：一种是通过"运行"命令访问，一种是通过"网上邻居"窗口访问。

方法一：通过"运行"命令访问

第1步 **选择"运行"命令** ❶单击"开始"按钮。❷选择"运行"命令。

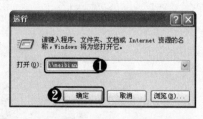

第3步 **共享资源** 即可访问该计算机，使用上述相同的方法将资源共享到本地计算机。

第2步 **访问计算** ❶弹出"运行"对话框，在"打开"文本框中输入"\\"，然后输入meibian。❷单击"确定"按钮。

高手点拨

用户还可以在"运行"对话框中的"打开"文本框中输入"\\"和目标电脑的 IP 地址，如 \\192.168.1.23，以便来打开目标电脑。

方法二：通过"网上邻居"窗口访问

第1步 打开"网上邻居"窗口 双击桌面上的"网上邻居"图标。

第2步 查看工作组计算机 打开"网上邻居"窗口，单击左侧任务窗格中的"查看工作组计算机"超链接。

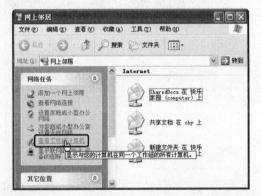

第3步 访问某台计算机 将显示出该工作组中的所有计算机，双击想要访问的计算机图标。

第4步 复制共享文件 ❶ 即可访问该计算机中共享的所有文件夹，选择需要共享的文件，在其上右击。❷ 在弹出的快捷菜单中选择"复制"命令。

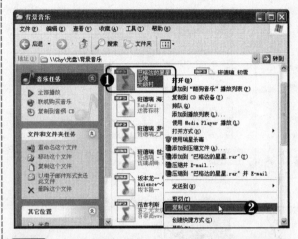

第5步 粘贴文件到本地计算 ❶ 在本地计算机中打开目标文件夹，单击"编辑"按钮。❷ 在弹出的下拉菜单中选择"粘贴"命令，即可将局域网中的文件粘贴到本地电脑中，实现资源共享。

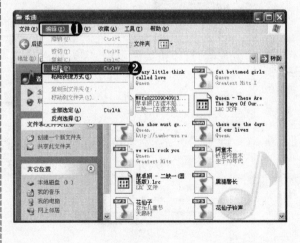

11.4.2 使用网络打印机

用户将打印机共享后，其他用户就可以通过局域网共享一台打印机了，下面我们将具体讲解如何使用网络打印机。

第1步 单击"添加打印机"超链接 打开"打印机和传真"窗口，单击左侧任务窗格中的"添加打印机"超链接。

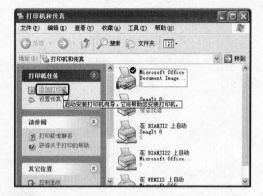

第2步 单击"下一步"按钮 弹出"添加打印机向导"对话框，单击"下一步"按钮。

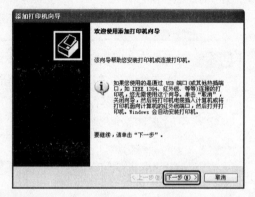

第3步 打印机类型设置 ❶ 进入"本地或网络打印机"界面，选中"网络打印机或连接到其他计算机的打印机"单选按钮。❷ 单击"下一步"按钮。

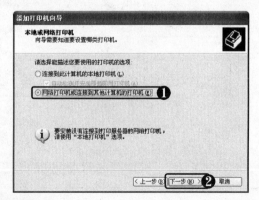

第4步 指定打印机 ❶ 进入到"指定打印机"界面，选中"浏览打印机"单选按钮。❷

单击"下一步"按钮。

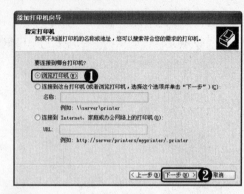

第5步 选择打印机 ❶ 进入到"浏览打印机"界面，在"共享打印机"列表框中选择要添加的打印机。❷ 单击"下一步"按钮。

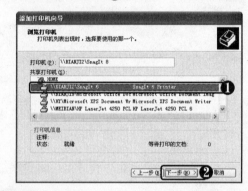

第6步 确认添加打印机 弹出"连接到打印机"提示信息框，单击"是"按钮。

第7步 设置默认打印机 ❶ 进入到"默认打印机"界面，选择"是"单选按钮。❷ 单击"下一步"按钮。

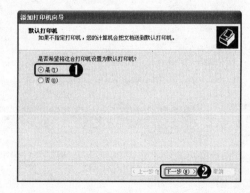

第8步 完成向导 进入到"正在完成添加打印机向导"对话框，单击"完成"按钮。

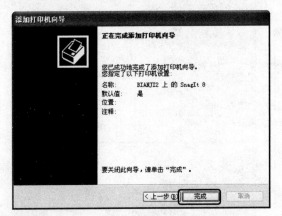

第9步 查看效果 此时返回到"打印机和传真"窗口中，可看到已经添加了该打印机。

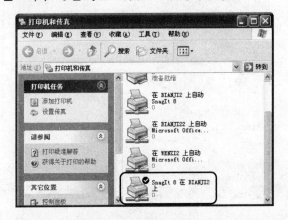

第10步 打印文档 ❶ 在打印文档时，选择"文件"|"打印"命令。❷ 在弹出的"打印"对话框的"名称"下拉列表中选择刚添加的打印机。❸ 完成其他设置后，单击"确定"按钮即可打印。

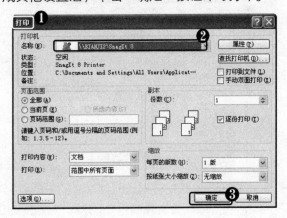

高手点拨

在结束安装网络打印机后，选择"开始"|"打印机和传真"菜单命令，在"打印机和传真"窗口中即可看到安装的网络打印机。

11.4.3 访问其他用户共享文档的文件夹

在文件和文件夹得共享操作中，除了在该文件夹属性中设置共享，供其他用户访问外，还可以将其直接移动到共享文档中进行共享，这样其他用户只需访问共享文档，即可找到共享的文件夹，具体操作步骤如下：

第1步 选择"剪切"选项 右击需要设置的文件夹，在弹出的快捷菜单中选择"剪切"命令。

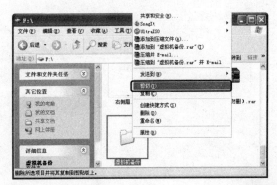

第2步 移动到共享文档 打开"共享文档"窗口，在窗口空白处右击，在弹出的快捷菜单中选择"粘贴"命令。

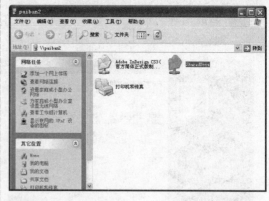

第3步 查看共享文件 此时即可看到该用户共享的文件夹。

第3步 从局域网访问共享文档 通过局域网访问共享该文件的用户，并双击 SharedDocs 文件夹。

● 学习笔录

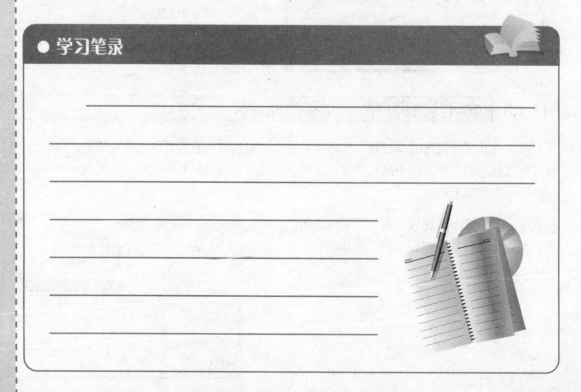

第12章

IE 8 浏览器的使用

章前导读

Internet Explorer 8.0 是微软公司推出的一款最新版本的浏览器，跟先前版本相比较，除了在稳定性和可靠性上有了大幅度改善外，它还新增了许多功能。本章将重点讲解IE 8.0 的使用方法。

✔ 认识 Internet Explorer 8.0 浏览器
✔ 保存网页中的资料
✔ IE 浏览器自定义设置
✔ 搜索引擎的使用

小神通，大家通常所说的网上冲浪是指什么呢？

网上冲浪是一种形象的说法，因为上网英文词组是 surfing the internet，而 suifing 被译为冲浪，这就是网上冲浪的由来。

没错，但是要真正实现网上冲浪，浏览器是必不可少的，今天我们就来一起认识一下微软公司推出的最新浏览器：Internet Explorer 8.0。

12.1 认识 Internet Explorer 8 浏览器

IE 8.0 是微软公司推出的最新版本的浏览器，较 IE 7.0 而言，IE 8.0 增添了许多新功能，并且使用起来更加简单、方便，受到了众多用户的欢迎和认可。

12.1.1 启动和关闭 IE 浏览器

1. 启动 IE

IE 浏览器同其他软件一样，在使用的时候同样需要启动，常用的启动 IE 浏览器的方法有 3 种。

方法一：通过桌面快捷图标

双击桌面上的 Internet Explorer 快捷方式图标，启动 IE 浏览器。

方法二：通过"开始"菜单

单击"开始"按钮，在弹出的"开始"菜单中选择 Internet 选项，启动 IE 浏览器。

方法三：通过快速启动栏

在快速启动栏中单击 图标，启动 IE 浏览器。

2. 关闭浏览器

当不需要使用 IE 浏览器的时候，要将其关闭，常用的关闭 IE 浏览器的方法有 3 种。

- 在 IE 浏览器窗口中选择"文件"|"退出"命令。
- 单击 IE 浏览器窗口右上角的"关闭"按钮。
- 按【Alt+F4】组合键逐个关闭浏览器窗口。

12.1.2 认识 IE 浏览器的操作界面

在使用 IE 浏览器之前，先来认识一下 IE 浏览器的操作界面吧。

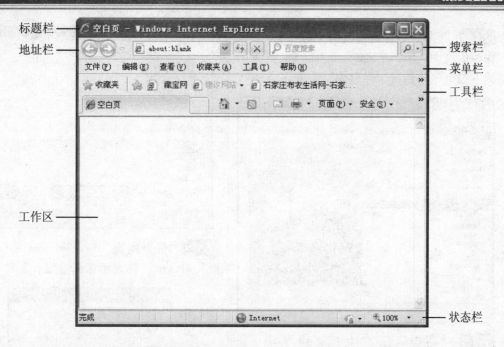

窗口组成	各部分功能
标题栏	显示当前页面的标题，以及 IE 浏览器窗口的控制按钮，分别为"最小化"、"最大化\还原"和"关闭"
地址栏	显示当前网页的 URL 地址或当前打开本地计算机中文件的路径。用户也可以在地址栏中输入网址进行访问
搜索栏	主要用于信息的搜索
菜单栏	单击菜单项可以打开相应的菜单，利用这些菜单可进行诸如新建选项卡、设置 Internet 选项等操作
工具栏	提供了浏览网页时常用的工具按钮
工作区	用于显示当前打开的网页信息
状态栏	用于显示浏览器当前操作的状态信息

12.2 保存网页中的资料

在浏览网页时，当看到对自己有用的信息，可以将其保存下来，以便日后查看。

12.2.1 保存网页

保存整个网页就是将页面内的文本、图片以及其他元素全部保存到电脑中，其具体操作步骤如下：

第1步 选择"另存为"选项 ❶ 打开想要保存的页面,单击"文件"选项。❷ 在弹出的下拉列表中选择"另存为"命令。

问:保存网页时都有哪些保存类型?

答:网页的保存类型有4种,分别是"网页,全部(*.htm;*.html)"、"Web 文档,单个文件 (*.mht)"、"网页,仅 HTML (*.htm;*.html)"以及"文本文件 (*.txt)"。

第3步 "保存网页"对话框 弹出"保存网页"对话框,并显示保存进度。

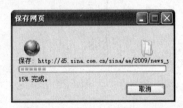

第2步 "保存网页"对话框 ❶ 弹出"保存网页"对话框,单击"保存在"右侧的下拉按钮,选择保存位置。❷ 在文件名右侧的编辑框中输入新名称。❸ 单击"保存"按钮。

第4步 保存的页面 稍后即可看到保存的页面。

 高手点拨

单击"保存类型"右侧的下拉按钮,在弹出的下拉列表中可选择保存类型。

问:有些网页文字不能复制怎么办?

答:其实很简单,只需要在菜单栏中选择"工具"|"Internet 选项"命令,在弹出的对话框中切换到"安全"选项卡,单击"自定义级别"按钮,在弹出的对话框中将所有 Java 脚本禁用,刷新即可。

12.2.2 保存网页中的文字

如果在浏览网页时只需要保存网页中的部分文本,此时就无需将整个页面保存下来,保存网页中文本的具体操作步骤如下:

第1步 选中文本 打开网页,在页面中拖动鼠标,选中需要保存的文本。

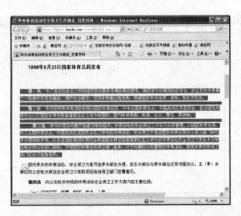

 高手点拨

在浏览网页时,有很多网页的内容是不允许被复制粘贴的。

第2步 **复制文本** 在选中的文本上右击,在弹出的快捷菜单中选择"复制"命令。

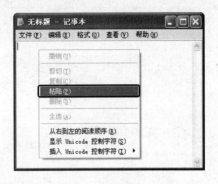

第4步 **粘贴文本** 此时就将文本粘贴到了记事本中,最后保存即可。

第3步 **选择"粘贴"选项** 新建记事本,并在记事本空白处右击,在弹出的快捷菜单中选择"粘贴"命令。

12.2.3 保存网页中的图片

在浏览网页时,看到自己喜欢的图片也可以将其保存下来,具体操作步骤如下:

第1步 **选择"图片另存为"选项** 在要保存的图片上右击,在弹出的快捷菜单中选择"图片另存为"命令。

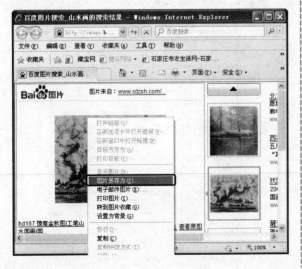

第2步 **设置保存路径和保存名称** ❶ 弹出"保存图片"对话框,在其中选择图片要保存的路径。
❷ 在"文件名"下拉列表框中输入文档的名称。
❸ 单击"保存"按钮。

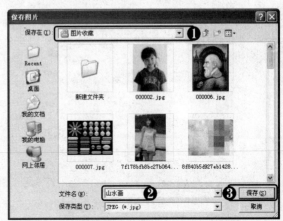

12.3 IE 浏览器自定义设置

在使用 IE 浏览器时，除了可以对页面内容进行操作外，还可以对浏览器进行自定义设置，包括网页的收藏、删除浏览的历史记录等。

12.3.1 添加与整理收藏夹

网络资源非常丰富，有时候需要反复访问某些网页，此时就可以将其添加到收藏夹中，以便日后快速打开该网页，具体操作步骤如下：

提示您

在收藏夹中收藏过多的网页时，要定期对收藏夹进行整理，并对网页进行分类，以便日后管理和访问。

多学点

在页面中按【Ctrl+D】组合键即可快速将网页添加到收藏夹中。

第1步 选择"添加到收藏夹"选项 ❶ 打开网页，单击"收藏夹"选项。❷ 在弹出的菜单中选择"添加到收藏夹"命令。

第2步 "添加收藏"对话框 ❶ 弹出"添加收藏"对话框，在其中输入名称，并选择保存的位置。❷ 单击"添加"按钮。

第3步 选择"整理收藏夹"选项 在页面中选择"收藏夹" | "整理收藏夹"选项。

第4步 "整理收藏夹"选项 弹出"整理收藏夹"对话框，在其中可进行新建文件夹以及将页面移动、重命名和删除等操作。

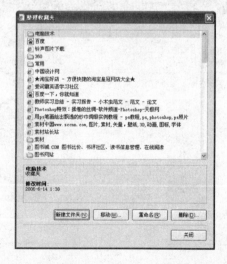

12.3.2 设置浏览历史记录

设置浏览历史记录的具体操作步骤如下：

第1步 选择"Internet 选项"选项　打开网页，选择"工具"|"Internet 选项"选项。

第2步 "Internet 选项"对话框　弹出"Internet 选项"对话框，单击"设置"按钮。

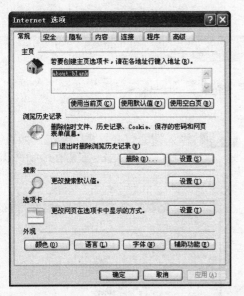

第3步 "Internet 临时文件和历史记录设置"对话框　弹出"Internet 临时文件和历史记录设置"对话框，在此可以设置磁盘的使用空间、历史记录保存的天数等，例如单击"移动文件夹"按钮。

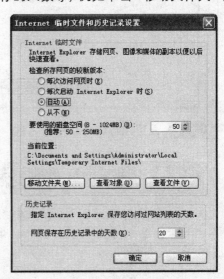

第4步 "浏览文件夹"对话框　❶弹出"浏览文件夹"对话框，在其中选择 Internet 临时文件的新位置。❷单击"确定"按钮。

12.3.3 设置主页

对于经常使用的页面，可将其设置为主页，这样在每次启动 IE 浏览器时，就会自动转到该页面，设置主页的具体操作步骤如下：

第1步 选择"Internet"选项 启动 IE 浏览器，选择"工具"|"Internet 选项"选项。

第2步 设置保存路径和保存名称 ❶ 弹出

"Internet 选项"对话框，单击"常规"选项卡。❷ 在"主页"选项区输入想要设置的网址。❸ 单击"确定"按钮。

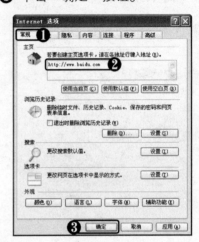

12.4 搜索引擎的使用

　　Internet 是一个庞大的资源库，要想在其中获得自己想要的资源，首先就必须先要学会进行搜索，在搜索信息时除了使用 IE 浏览器自身提供的搜索功能外，还可以使用搜索引擎进行搜索。

12.4.1 使用 Baidu 搜索网页

　　百度是一个专业提供搜索服务的网站，下面就介绍如何使用百度搜索需要的网页，具体操作步骤如下：

第1步 打开百度首页 启动 IE 浏览器，在地址栏中输入网址 http://www.baidu.com/，打开百度首页。

第2步 输入搜索信息 ❶ 单击"网页"链接。❷ 在搜索文本框中输入要搜索的内容。❸ 单击"百度一下"按钮。

第3步 搜索结果　稍后即可显示搜索结果，单击"国家公务员考试录用系统"链接。

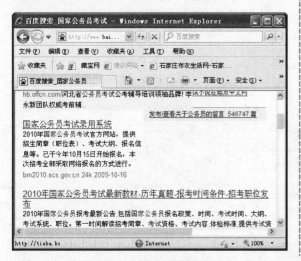

第4步 打开网页　此时即可打开"国家公务员考试录用系统"页面。

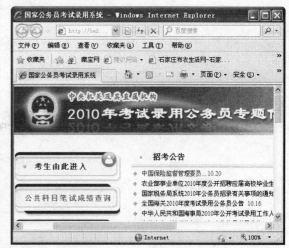

12.4.2　使用 Baidu 搜索图片

除了使用百度搜索需要查看的网页外，用户还可以通过搜索引擎搜索到自己喜欢的图片，具体操作步骤如下：

第1步 单击"图片"链接　打开百度首页，单击"图片"链接，打开"百度图片"页面。

第2步 输入搜索信息　❶ 在搜索文本框中输入要搜索的内容。❷ 单击"百度一下"按钮。

 高手点拨

在搜索图片时，用户可以先选择好要搜索的图片的类型，如新闻图片、全部图片、壁纸等，这样可以使搜索结果更精确。

第3步 搜索结果　稍后即可显示出搜索结果，单击想要查看的图片链接。

第4步 显示图片　此时即可打开相应页面显示的图片。

12.4.3　使用 Baidu 搜索音乐

利用搜索引擎还可以搜索喜欢的音乐，具体操作步骤如下：

第1步 单击 MP3 链接　打开百度首页，单击 MP3 链接，打开"百度 MP3"页面。

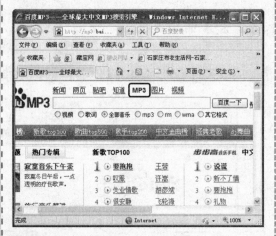

第2步 输入搜索信息　❶ 在搜索文本框中输入要搜索的内容❷ 单击"百度一下"按钮。

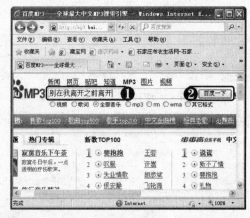

第3步 搜索结果　稍后即可显示出搜索结果，单击想要听的歌曲右侧的"试听"链接。

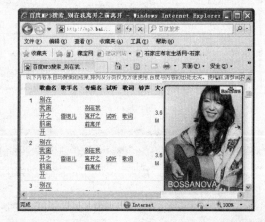

高手点拨

搜索引擎几乎可以搜索到任何自己需要的信息，当然不包括一些国家机密等。

第4步 试听歌曲　打开"百度音乐盒"页面试听歌曲。

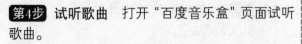
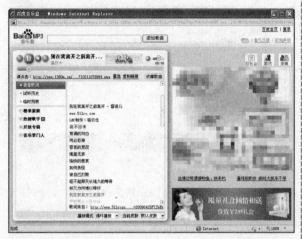

第5步 下载地址　如果想要下载歌曲，在搜索结果页面中可以单击"歌曲名"下的歌曲链接，打开下载地址页面，单击"请点击此链接"右侧的链接。

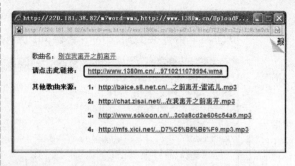

第6步 下载歌曲　弹出"文件下载"对话框，在其中单击"保存"按钮，完成歌曲下载。

12.4.4　使用 Google 搜索英文网页

Google 也是一款专业的搜索引擎，同百度一样，Google 搜索引擎受到了众多人的青睐，使用 Google 搜索引擎不仅能搜到常用的网页、图片以及音乐等信息，还可以搜索英文页面，具体操作步骤如下：

第1步 打开 Google 首页　❶ 启动 IE 浏览器，在地址栏中输入网址 http://www.google.com.hk/，打开 Google 首页。❷ 单击"语言"链接。

第2步 "语言"页面　❶ 打开"语言"页面，在搜索文本框中输入"国家公务员考试"关键字。❷ 单击"翻译并搜索"按钮。

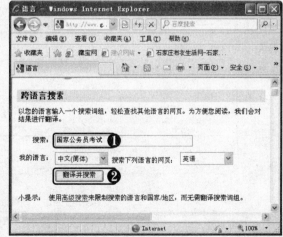

第3步 搜索结果 打开"国家公务员考试"页面,单击"英文原文"下要访问的链接。

第4步 打开英文页面 此时即可打开相应的英文页面。

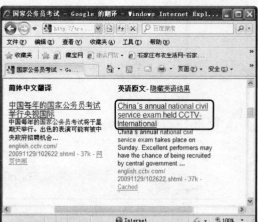

问:常用的搜索引擎除了以上两种外,还有其他的吗?

答:当然,例如 YAHOO、Live 等都是比较专业的搜索引擎。

新手巧上路

问:输入搜索信息时,可不可以输入多个关键字?

答:是可以的,而且输入的关键字越多,搜索的内容越精确。

● 学习笔录

第13章

网上娱乐生活

随着信息化程度的提高，现在网络已经成为了大多数人们生活中必不可少的组成部分，人们不仅可以在网络上聊天，还可以在网络上听音乐和看电视，本章将带领大家在网上冲浪，去了解多姿多彩的网络生活。

- ✓ QQ 聊天
- ✓ QQ 游戏
- ✓ 网上听音乐
- ✓ 在线观看视频
- ✓ 欣赏在线 Flash
- ✓ PPLive 网络电视

小神通，使用网络除了搜索资料、查看信息外，还可以用来做什么？

网络能做的事情多着呢，比如说在使用 QQ 在网上聊天，玩 QQ 游戏以及欣赏 Flash 动画等。

其实，网络的功能非常强大，不仅可以让人们学到很多知识，在闲暇之余还能让人们放松一下，聊聊天或者看看电视，可以说网络已经丰富了人们的生活。

13.1 QQ 聊天

QQ 是由腾讯公司自主开发的基于 Internet 的即时通信网络工具，它支持在线聊天、视频对话以及文件传输等功能，小巧简易的操作界面深受广大用户喜爱。

13.1.1 安装 QQ

安装 QQ 的具体操作步骤如下：

第1步 下载 QQ 启动 IE 浏览器，在地址栏中输入网址：http://im.qq.com/qq/all.shtml，打开 QQ 下载页面，单击"下载"链接。

第2步 双击安装程序 找到下载的 QQ 安装程序，双击进行安装。

第3步 检查安装环境 稍后程序会自动检查安装环境。

第4步 欢迎对话框 ❶ 在弹出的对话框中选中"我已经阅读并同意软件许可协议和青少年上网安全指引"复选框。❷ 单击"下一步"按钮。

第5步 选择安装选项和快捷方式选项 ❶ 在弹出的对话框中选中需要安装选项的复选框。❷ 单击"下一步"按钮。

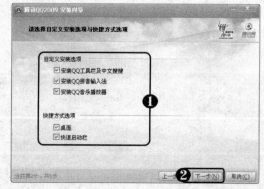

提示您

下载 QQ 软件除了可以从官方网站下载外，还可以在专业工具软件下载中心下载。

多学点

QQ 号码为腾讯 QQ 的账号，全部由数字组成，QQ 号码在用户注册时由系统随机选择。

第6步 选择安装目录 ❶ 在弹出的对话框中单击"浏览"按钮，选择程序安装目录。❷ 选中"保存到安装目录下"单选按钮。❸ 单击"安装"按钮。

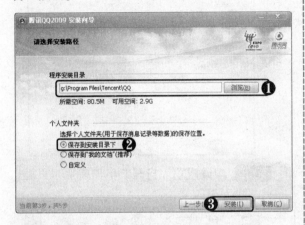

第7步 正在安装 程序开始安装 QQ，并显示安装进度条。

高手点拨

在安装腾讯 QQ 时，进行完毕一些基本的设置后，程序将自动开始安装，无需用户操作。

第8步 完成安装 稍后程序完成安装，单击"完成"按钮。

13.1.2 申请 QQ 账号

在使用 QQ 进行聊天前，需要先申请 QQ 账号，具体操作步骤如下：

第1步 启动 QQ2009 ❶ 单击"开始"按钮。❷ 在弹出的"开始"菜单中选择"所有程序"|"腾讯软件"|QQ2009|"腾讯 QQ2009"选项。

第2步 QQ2009 对话框 弹出 QQ2009 对话框，单击"注册新账号"链接。

第3步 网页免费申请 打开"申请 QQ 账号"页面，单击"立即申请"按钮。

第4步 单击"QQ 号码"链接　在打开的页面中单击"QQ 号码"链接。

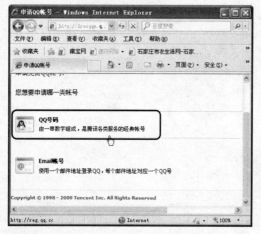

第5步 填写信息　打开"填写信息"页面，填写注册信息，之后单击"确定并同意以下

条款"按钮。

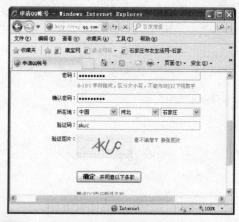

第6步 申请成功　打开"申请成功"页面，此时即可获取号码。

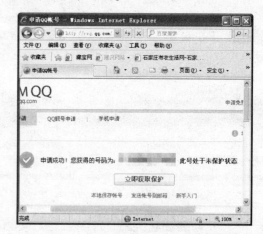

13.1.3　使用 QQ 聊天

　　用户申请 QQ 号码后，就可以使用该号码登录 QQ，并利用 QQ 进行聊天了，具体操作步骤如下：

第1步 登录 QQ　打开 QQ2009 对话框，输入账号和密码，单击"登录"按钮。

第2步 "正在登录"窗口　弹出"正在登录"窗口，此时程序自动登录 QQ2009。

第3步 **成功登录** 如果账号和密码输入正确，稍后即可成功登录 QQ2009，单击"查找"按钮。

第4步 **查找联系人** ❶ 弹出"查找联系人/群/企业"对话框，单击"查找联系人"选项卡。❷ 选中"精确查找"单选按钮。❸ 输入要查找的账号。❹ 单击"查找"按钮。

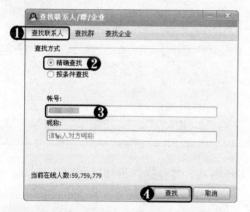

第5步 **查找结果** 稍后即可显示查找结果，选择要添加的好友，单击"添加好友"按钮。

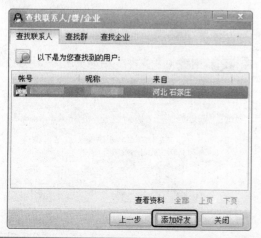

第6步 **填写验证信息** 如果对方设置了验证信息，就会弹出此对话框，输入验证信息，单击"确定"按钮。

第7步 **添加好友成功** 如果对方同意添加好友，则会在屏幕右下角出现一个闪烁的小喇叭，单击小喇叭弹出该对话框，输入备注名称后，单击"完成"按钮。

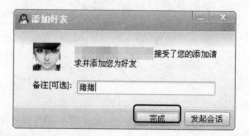

第8步 **双击好友头像** 此时即可在好友列表中看到刚添加的用户，双击好友头像即可进行聊天了。

第9步 发送信息 打开聊天窗口,在聊天窗口下面的文本框中输入要发送的信息,单击"发送"按钮。

第10步 接受信息 当对方收到信息并回复该信息后,聊天记录就会显示在窗口中。

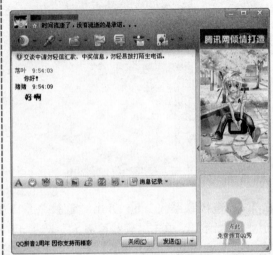

13.2 QQ 游戏

除了可以使用 QQ 进行聊天外,腾讯公司还为用户提供了 QQ 游戏功能,下面就介绍如何使用 QQ 的游戏功能。

13.2.1 安装 QQ 游戏

在第一次进行 QQ 游戏时,需要先进行安装 QQ 游戏,具体操作步骤如下:

第1步 单击"QQ 游戏"按钮 在 QQ 窗口界面中单击"QQ 游戏"按钮。

第2步 "在线安装"对话框 弹出"在线安装"对话框,在其中单击"安装"按钮。

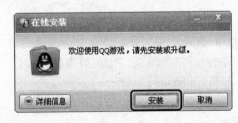

第3步 下载 QQ 游戏 稍后开始下载 QQ 游戏,并显示下载进度条。

第4步 **"安装向导"对话框** 弹出安装向导对话框，在其中单击"下一步"按钮。

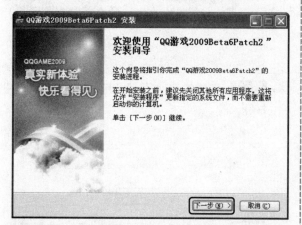

第5步 **"许可证协议"对话框** 弹出"许可证协议"对话框，单击"我接受"按钮。

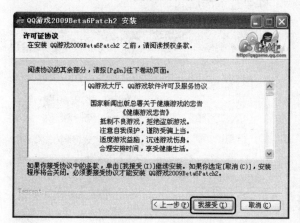

第6步 **"选择安装位置"对话框** ❶ 弹出"选择安装位置"界面，在目标文件夹下单击"浏览"按钮，选择安装位置。❷ 单击"下一步"按钮。

　　选择安装位置时，尽量选择除 C 盘以外的盘符进行安装。

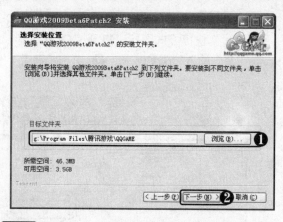

第7步 **"安装选项"对话框** ❶ 弹出"安装选项"界面，在其中选择需要执行的操作。❷ 单击"安装"按钮。

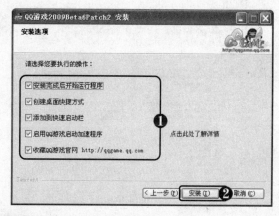

第8步 **安装游戏** 安装程序开始安装，并显示安装进度条，安装完毕后单击"完成"按钮。

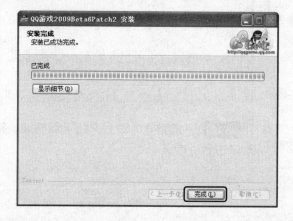

13.2.2　进行游戏

　　要进行 QQ 游戏首先要先进入游戏大厅，之后才能开始游戏，其具体操作步骤如下：

第1步 登录游戏 ❶ 双击桌面上"QQ 游戏"快捷方式图标,打开 QQ 游戏登录对话框,输入账号和密码。❷ 单击"登录"按钮。

第2步 进入游戏大厅 进入游戏大厅窗口,在左侧列表中双击想要安装的游戏名称。

第3步 "提示信息"对话框 弹出"提示信息"对话框,单击"确定"按钮。

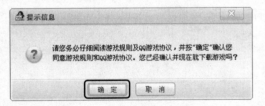

第4步 下载游戏 稍后开始下载游戏,并显示下载进度条。

第5步 安装游戏 下载完毕后开始安装,并

显示安装进度条。

第6步 完成安装 安装完成后,单击"确定"按钮。

第7步 选择房间 返回游戏大厅,选择需要进行的游戏,在展开的树形结构列表中双击需要进入的房间。

第8步 寻找座位 进入房间后,将鼠标指针放在需要进入的位置上,当鼠标指针呈现手形状时,单击即可进入。

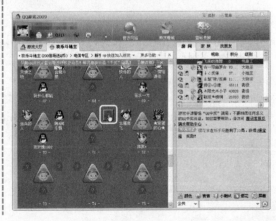

第9步 单击"开始"按钮　进入房间后，单击"开始"按钮，准备游戏。

第10步 进行游戏　当所有玩家都准备时，此时即可开始进行游戏。

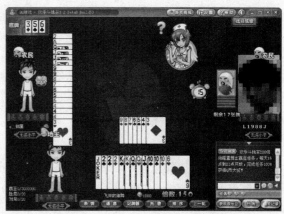

13.3　网上听音乐

用户除了可以使用 QQ 进行聊天和玩 QQ 游戏外，还可以视听 QQ 音乐，下面就让我们来学习如何使用 QQ 的音乐功能吧！

13.3.1　安装 QQ 音乐

要使用 QQ 的音乐功能，同样需要对其先进行安装，具体操作步骤如下：

第1步 单击"**QQ 音乐**"按钮　在 **QQ** 窗口界面中单击"**QQ 音乐**"按钮。

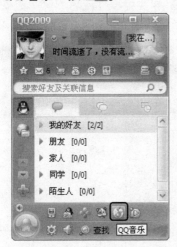

第3步 下载 QQ 音乐　稍后开始下载 QQ 音乐，并显示下载进度条。

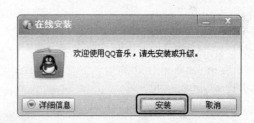

第2步 安装 QQ 音乐　弹出"在线安装"对话框，单击"安装"按钮。

第4步 "安装向导"对话框　弹出"安装向导"对话框，单击"下一步"按钮。

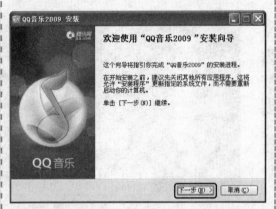

第5步 "许可证协议"对话框　弹出"许可证协议"对话框，单击"我接受"按钮。

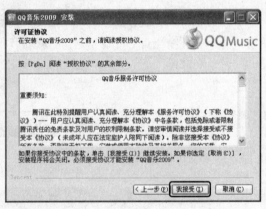

第6步 "选择安装位置"对话框　❶ 弹出"选择安装位置"界面，单击"浏览"按钮，选择安装位置。❷ 单击"下一步"按钮。

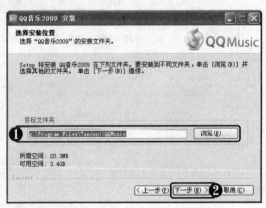

第7步 "附加任务"对话框　❶ 弹出"附加任务"界面，选中附加任务中相关的复选框。❷ 单击"安装"按钮。

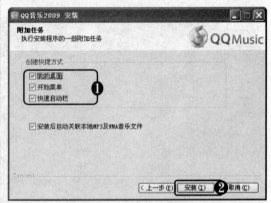

第8步 "正在安装"对话框　弹出"正在安装"界面，并显示安装进度条。

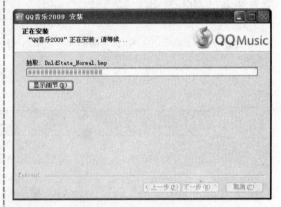

第9步 完成安装　稍后即可完成安装，单击"完成"按钮。

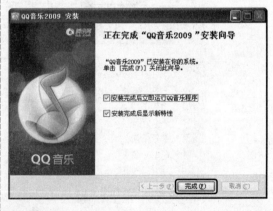

第10步 运行 QQ 音乐　安装完成后，弹出 QQ 音乐窗口。

高手点拨

在安装一些应用软件时，尽量不要安装到 C 盘，如果 C 盘容量过低，会影响系统的运行效率，将软件安装到其他磁盘，同样不会影响其运行和卸载。

13.3.2 使用 QQ 音乐

下面将介绍如何使用 QQ 的音乐功能，具体操作步骤如下：

第1步 单击"QQ 音乐"按钮　在 QQ 窗口界面中单击"QQ 音乐"按钮。

第2步 打开 QQ 音乐窗口　此时即可打开 QQ 音乐窗口。

第3步 添加音乐　❶ 单击"播放列表"选项卡。❷ 单击"添加"按钮 ＋添加。❸ 在弹出的列表中选择"添加本地歌曲"选项。

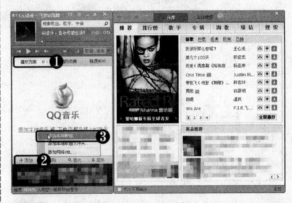

第4步 "打开"对话框　❶ 弹出"打开"对话框，选择要播放的音乐。❷ 单击"确定"按钮。

第5步 播放音乐　此时即可将音乐添加到播放列表中，单击"播放"按钮 ▶ 播放音乐。

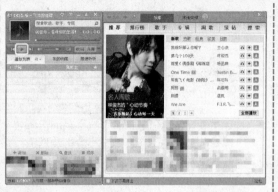

第6步 选择"添加网络 URL…"选项 ❶ 单击"我的收藏"选项卡。❷ 单击"添加"按钮 + 添加。❸ 在弹出的列表中选择"添加网络 URL…"选项。

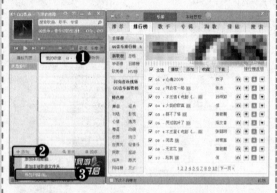

第7步 "QQ 音乐-添加 URL 歌曲"对话框 ❶ 弹出"QQ 音乐-添加 URL 歌曲"对话框，输入网络 URL 和歌曲的相关信息。❷ 单击"确定"按钮。

第8步 播放音乐 此时即可将歌曲添加到播放列表中，单击"播放"按钮 ▶ 播放音乐。

第9步 切换到"随便听听"选项卡 ❶ 单击"随便听听"选项卡。❷ 选择想要播放的音乐。❸ 单击"播放"按钮 ▶ 进行播放。

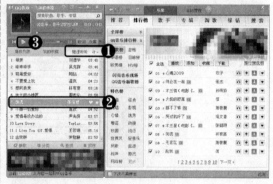

第10步 在"乐库"面板中选择 在窗口右侧面板中单击"乐库"选项卡，在"乐库"面板中选择想要播放的音乐，此时即可播放音乐。

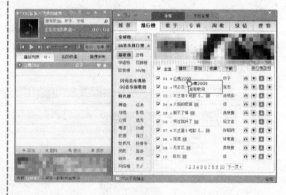

13.4 在线观看视频

网上的影视资源非常丰富，目前有很多网站都提供免费的视频服务，诸如优酷网、土豆网等，下面就以优酷网为例介绍如何在线观看视频。

第1步 **打开"优酷"首页** 启动 IE 浏览器，在地址栏中输入网址 http://www.youku.com/，打开"优酷"首页。

第2步 **选择视频** 拖动网页右侧的滚动条，单击想要观看的视频链接。

第3步 **选择播放集数** 在打开的页面中单击"衣被天下 01"链接。

第4步 **播放视频** 此时即可在打开的页面中播放视频了。

第5步 **搜索视频** 如果没有自己喜欢看的视频，可以在搜索文本框中输入想要观看的视频名称，单击"搜索"按钮。

第6步 **搜索结果** 在打开的页面中显示出搜索结果，单击"01 集"链接。

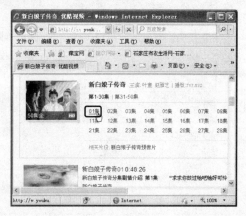

第7步 观看视频 此时即可看到想要观看的视频了。

第8步 全屏观看 在页面中单击 按钮，即可进行全屏观看。

提示您

如果网速过慢，此时可以先暂停节目，缓冲一段时间后再观看会比较流畅。

高手点拨

在全屏模式下观看视频可能会影响视频的清晰度以及观看效果。

13.5 欣赏在线 Flash

在网上除了可以观看视频外，还可以欣赏 Flash，下面就以西西 flash 动漫网为例介绍如何在线欣赏 Flash。

多学点

土豆网也是专门提供视频服务的网站，网址为：http://www.tudou.com/

第1步 打开网页 启动 IE 浏览器，在地址栏中输入网址 http://www. ccflash.com/，打开网站。

第2步 选择内容 在网页上方单击"故事剧情"链接。

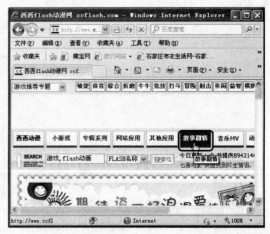

第3步 选择作品分类 在打开的页面中单击"作品分类"列表中的"幽默搞笑"链接。

第4步 选择作品 在打开的页面中单击要观看的 Flash 动画的名称。

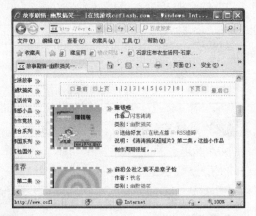

第5步 单击"播放影片"按钮 在打开的页面中单击"播放影片"按钮,播放 Flash 动画。

第6步 播放动画 此时即可在网页中观看Flash动画。

第7步 选择动画 除此之外,还可以观看网站推荐的 Flash 动画,在首页单击"推荐"按钮,在其下方的列表中单击要观看的动画链接。

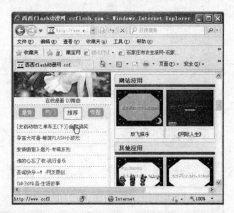

第8步 播放动画 此时即可在打开的网页中观看动画了。

13.6 PPlive 网络电视

PPlive 网络电视是一款基于 P2P 技术的免费视频播放软件，使用 PPlive 最大的特点就是观看的人越多，视频就越流畅，而且它能让用户享受到比有线电视更加丰富的视觉大餐，下面就来认识一下如何使用 PPlive 网络电视。

13.6.1 安装 PPLive

安装 PPLive 的具体操作步骤如下：

第1步 双击安装程序　找到 PPLive 安装程序，双击进行安装。

第2步 "安装向导"对话框　弹出"安装向导"对话框，单击"下一步"按钮。

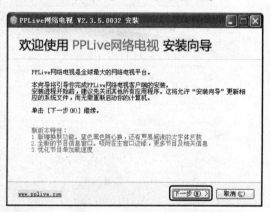

第3步 "用户协议"对话框　弹出"用户协议"对话框，单击"我接受"按钮。

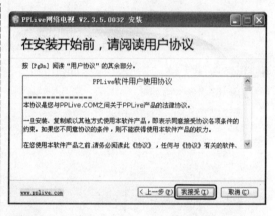

第4步 "选择安装位置"对话框　❶ 弹出"选择安装位置"界面，单击"浏览"按钮选择目标文件夹。❷ 单击"安装"按钮。

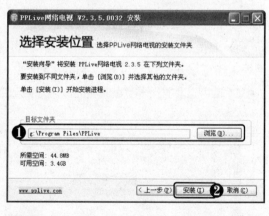

第5步 "正在安装 请稍候…"对话框　弹出"正在安装 请稍候…"界面，并显示安装进度条。

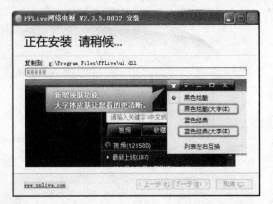

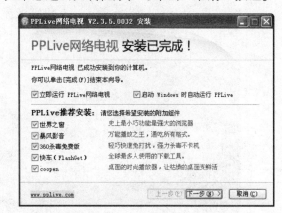

如果想退出安装程序，可单击"取消"按钮。

第6步 完成安装 稍后即可完成安装，如果需要
安装 PPLive 推荐的软件，可单击"下一步"按钮，

高手点拨

在安装应用程序时，尽量不要让其在 Windows 启动时自动运行，这样会影响电脑的启动速度。

13.6.2 观看 PPLive 网络电视

安装完成后，就可以使用 PPLive 观看网络电视了，具体操作步骤如下：

第1步 启动软件 双击桌面上"**PPLive** 网络电
视"快捷方式的图标，启动软件。

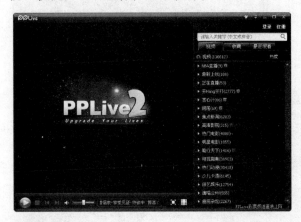

第2步 选择节目 在窗口右侧的"频道"列表中
双击想要观看的节目，之后即可进行观看了。

第3步 添加收藏 在喜欢观看的节目上右击，在
弹出的快捷菜单中选择"加入收藏"命令。

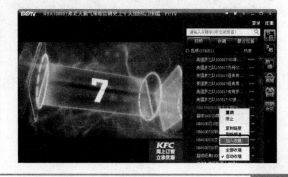

第4步 选择"打开文件…"选项 ❶ 单击 "菜单"按钮❏。❷ 在弹出的菜单中选择"文件"|"打开文件"命令。

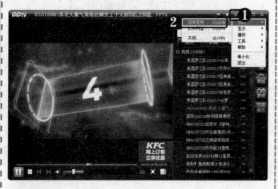

第5步 选择文件 ❶ 弹出"打开"对话框，选择要打开的文件。❷ 单击"打开"按钮。

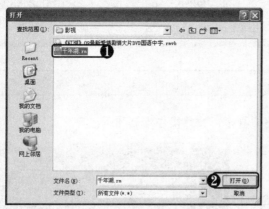

第6步 播放文件 此时即可在 PPlive 窗口内进行播放了。

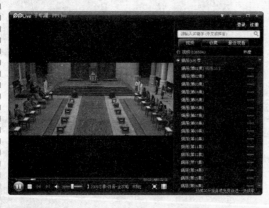

第7步 隐藏频道 单击"隐藏频道"按钮❏，即可将窗口右侧的频道隐藏。

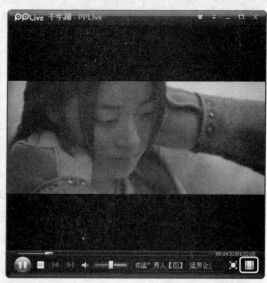

第8步 全屏观看 单击"全屏"按钮❏，即可进行全屏观看。

第9步 设置 PPlive ❶ 单击"菜单"按钮。❷ 在弹出的菜单中选择"工具"|"设置"命令。

第10步 设置对话框 弹出"PPLive 设置"对话框，此时用户可对 PPLive 进行相应设置。

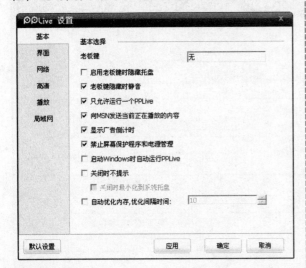

第12步 "定时关机"对话框 ❶ 弹出"定时关机"对话框，选中"开启定时关机"复选框。❷ 根据需要进行定时关机设置。❸ 单击"确定"按钮。

第11步 定时关机 ❶ 单击"菜单"按钮。❷ 在弹出的菜单中选择"工具" | "定时关机"命令。

● 学习笔录

第14章

系统安全与维护

章前导读

电脑使用久了不免会产生许多垃圾，甚至遭病毒入侵。为了使电脑保持良好的运转，应定期对电脑进行优化。这一章我们将从几方面来介绍如何维护和优化系统。通过本章的学习，用户可以掌握电脑的日常优化操作。

- ✔ 备份与系统
- ✔ 磁盘的维护
- ✔ Windows 优化大师
- ✔ 瑞星杀毒软件
- ✔ 防火墙

小神通，我觉得我的电脑好像出了很多问题，现在开机和日常的操作都会变得很慢，可我又不知道该如何解决，你能帮帮我吗？

这可能是因为你的系统很久没有清理垃圾文件了，也有可能是病毒在作怪，具体问题请博士帮你分析一下吧！

我们的电脑需要定期进行维护和优化，上网的用户还应该经常杀毒，为了防止数据丢失，还应当及时对系统进行备份与还原。下面我们将一一介绍这些内容。

14.1 备份与还原系统

为了避免电脑被病毒入侵或者系统错误操作对操作系统带来较大的或致命的麻烦，我们可以在系统稳定时对系统盘（一般是 C 盘）中所有或部分数据拷贝成备份文件，存储于其他的盘，当系统出现问题时可以利用这个备份进行恢复与还原。

14.1.1 备份系统

提示您

我们还可以使用U盘等设备备份数据，通过复制的方法将需要备份的文件存储到U盘和光盘等存储设备中即可。

在日常使用中，我们的系统随时都有可能遭到病毒入侵或数据损坏，因此用户应及时备份系统数据，以备不时之需。

第1步 打开"备份"工具 ❶ 单击"开始"按钮。❷ 选择"所有程序"｜"附件"｜"系统工具"｜"备份"命令。

第3步 选择备份操作 ❶ 进入"备份或还原"界面，选中"备份文件和设置"单选按钮。❷ 单击"下一步"按钮。

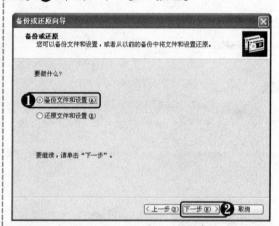

多学点

如果备份的文件不是很大，可以在电脑中另一个磁盘进行备份；若备份的文件较多，可通过压缩软件将文件进行压缩后再备份，以减少文件的大小。

第2步 进入"备份或还原向导" 弹出"备份或还原向导"对话框，在其中单击"下一步"按钮。

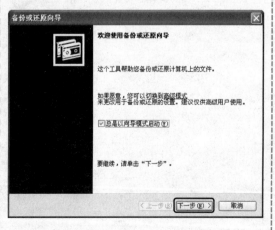

第4步 选择要备份的内容 ❶ 进入"要备份的内容"界面，选中"我的文档和设置"单选按钮。❷ 单击"下一步"按钮。

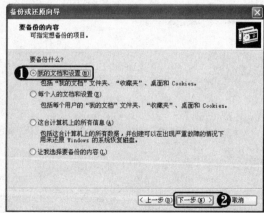

第5步 设置备份内容 ❶ 进入"备份类型、目标和名称"界面，单击"浏览"按钮设置备份要保存的位置。❷ 在"键入这个备份的名称"下面的文本框中输入要备份的名称。❸ 单击"下一步"按钮。

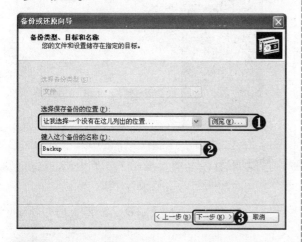

第6步 创建备份设置 进入"正在完成备份或还原向导"界面，单击"完成"按钮。

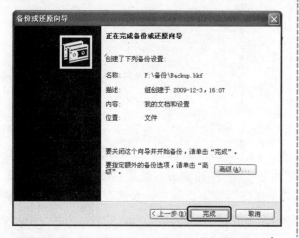

第7步 开始备份 弹出"备份进度"对话框，开始进行系统备份，并显示备份进度。

第8步 备份完成 备份完成后，显示"已完成备份"界面，在其中单击"关闭"按钮。

 高手点拨

除了使用系统自带的备份工具，还可以使用其他备份软件进行相关的备份。

14.1.2 还原系统

有时系统中了病毒或安装某软件后会导致 Windows XP 操作系统发生异常，若通过杀毒或卸载软件仍不能解决问题，则可使用系统还原操作直接从备份文件中还原以前的系统。其具体操作步骤如下：

第1步 进入备份或还原向导 ❶ 打开"备份或还原向导"对话框。❷ 单击"下一步"按钮。

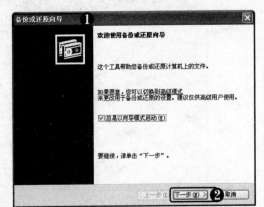

第2步 选择还原操作 ❶ 进入"备份或还原"界面，选择"还原文件和设置"单选按钮。❷ 单击"下一步"按钮。

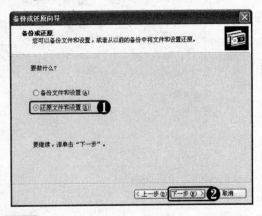

第3步 选择还原项目 ❶ 进入"还原项目"界面，选择要还原的文件。❷ 单击"下一步"按钮。

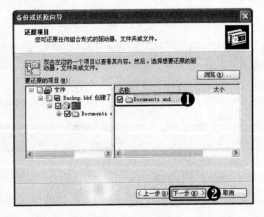

第4步 完成还原设置 进入"正在完成备份或还原向导"界面，单击"完成"按钮。

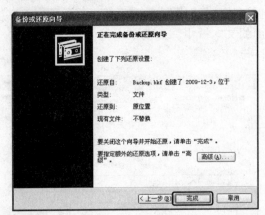

第5步 开始还原 弹出"还原进度"对话框，开始还原，并显示还原进度条。

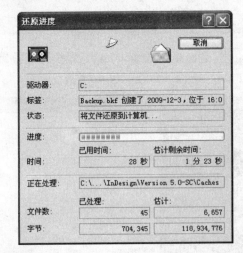

第6步 还原完成 还原完成后提示"已完成还原"界面，单击"关闭"按钮，将对话框关闭。

14.2 磁盘的维护

　　电脑硬盘是最常用也是最重要的存储设备，存储了电脑必备的系统和程序。时间长了，磁盘会产生很多冗余数据或错误数据，因此，我们应经常对磁盘进行维护，如磁盘清理、磁盘查错和磁盘碎片整理等，以保持磁盘的健康。

14.2.1 磁盘清理

　　电脑在使用一段时间后会产生很多"垃圾"，久而久之，这些垃圾就会造成磁盘空间减小，系统运行缓慢。因此，用户应及时对磁盘进行清理，使之良好运转。

第1步 打开磁盘属性对话框 ❶ 打开"我的电脑"窗口。❷ 在需要清理的磁盘上右击。❸ 在弹出的快捷菜单中选择"属性"命令。

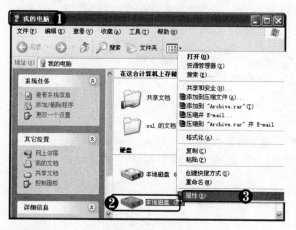

第2步 单击"磁盘清理"按钮 弹出磁盘属性对话框，单击"磁盘清理"按钮。

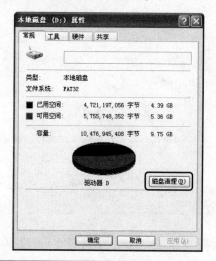

第3步 选择要删除的文件 ❶ 弹出"磁盘清理"对话框，在"要删除的文件"下拉列表框中选择要删除的文件前的复选框。❷ 单击"确定"按钮。

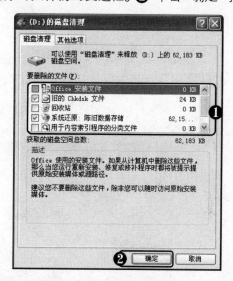

第4步 确认操作 弹出"磁盘清理"提示信息框，单击"是"按钮，即可清除选中的类别。

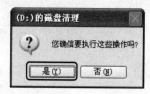

14.2.2 磁盘查错

硬盘是我们保存数据的主要的载体，但硬盘又是很脆弱的，因而对硬盘的维护就显得很重要，其中一个重要的方面就是要给磁盘查错。

第1步 打开磁盘属性对话框 ❶ 打开"我的电脑"窗口。❷ 在需要查错的磁盘上右击。❸ 在弹出的快捷菜单中选择"属性"命令。

单击"开始"按钮。

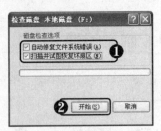

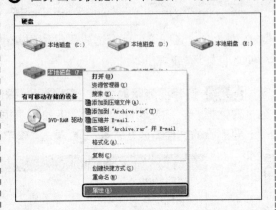

第4步 开始检查 开始查错，进入第1阶段，并显示检查进度条。

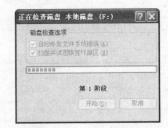

第2步 单击"开始检查"按钮 弹出磁盘属性对话框，单击"查错"区域中的"开始检查"按钮。

第5步 查错第2阶段 经过一段时间后，进入查错第2阶段，并显示其进度条。

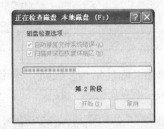

第6步 完成检查 查错完毕后弹出提示信息框，提示"已完成磁盘检查"，单击"确定"按钮关闭信息框。

第3步 设置磁盘检查选项 ❶ 弹出"检查磁盘"对话框，选择需要检查的磁盘选项。❷

14.2.3 磁盘碎片整理

硬盘在使用一段时间后，由于反复写入和删除文件，硬盘中会出现大量的碎片，影响系统的运行速度，因此需要定期进行磁盘碎片整理，建议一般家庭用户1个月整理一次。

第1步 打开磁盘碎片整理程序 ❶ 单击"开始"按钮。❷ 选择"所有程序"|"附件"|"系统工具"|"磁盘碎片整理程序"命令。

第2步 分析要整理的磁盘 ❶ 打开"磁盘碎片整理程序"窗口。❷ 选择要整理的磁盘。❸ 单击"分析"按钮。

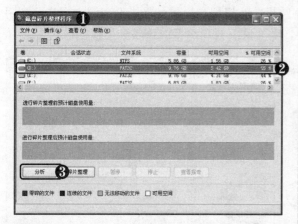

第3步 开始分析 开始分析磁盘，并显示分析进度。

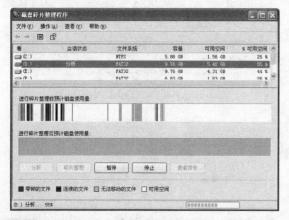

第4步 完成分析 分析完毕弹出提示信息框，单击"碎片整理"按钮。

第5步 开始整理 开始整理碎片，并显示整理进度，此过程需要经历一段较长时间，请耐心等待。

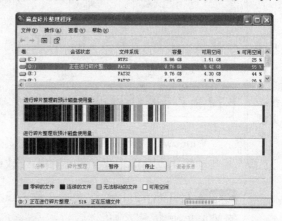

第6步 整理完毕 整理完毕后，弹出提示信息框，提示"已完成碎片整理"，单击"查看报告"按钮。

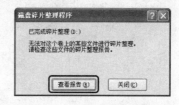

第7步 查看报告 查看碎片整理报告，单击"关闭"按钮，关闭对话框。

高手点拨

在整理磁盘碎片的过程中，单击"暂停"按钮将暂停碎片的整理；单击"停止"按钮将停止碎片整理的操作。在整理磁盘碎片结束后，单击对话框中的"查看报告"按钮，可以查看碎片文件是否已被清除。

14.3 Windows 优化大师

Windows 优化大师是一款系统维护软件，它能够为系统提供全面有效、简便安全的优化、清理和维护手段，让电脑系统始终保持在最佳状态。它包括系统检测、系统优化、系统清理和系统维护四大功能。

14.3.1 系统检测

Windows 优化大师根据系统性能检测结果向注册用户提供性能提升建议。用户可利用"自动优化"功能根据检测到的系统软件、硬件情况自动将系统调整到最佳工作状态。

第1步 打开Windows 优化大师 双击桌面上的 Windows 优化大师图标。

第2步 查看检测项目 ❶ 在左侧选择需要检测的项目，系统自动默认选择第一项"系统信息总览"。❷ 即可看到系统的详细信息和状态。❸ 单击"自动优化"按钮。

 高手点拨

Windows 优化大师的自动优化功能可以对系统进行全方位的优化，使电脑处于最佳的工作状态。

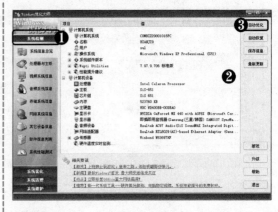

第3步 开始自动优化 弹出"自动优化向导"对话框，单击"下一步"按钮。

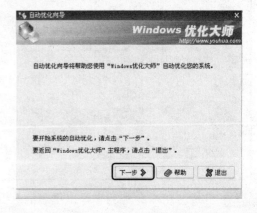

电脑小·专家

问：怎样判断磁盘是否需要整理呢？

答：在整理前可以单击"分析"按钮，对磁盘进行分析，根据分析结果对需要碎片整理的磁盘进行碎片整理。

新手巧上路

问：最好在什么时间整理磁盘碎片呢？

答：整理磁盘碎片需要一定的时间，最好在工作之余进行整理，在整理期间最好不要运行其他应用程序。

第4步 选择要进行的设置 ❶ 进入"选择需自动进行的操作"界面，选择需要的操作。❷ 单击"下一步"按钮。

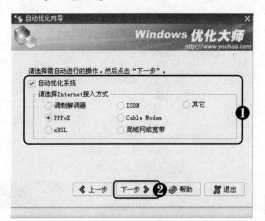

第5步 进行相关设置 ❶ 进入新界面，设置要分析的信息文件。❷ 选择默认的搜索引擎和首页。❸ 单击"下一步"按钮。

第6步 确认优化方案 显示优化方案，若同意按此方案进行优化，则单击"下一步"按钮。

第7步 确认备份注册表 弹出提示信息框，建议优化前备份注册表，单击"确定"按钮。

第8步 备份注册表文件 开始将注册表备份为文件并进行压缩存放，分析扫描完毕后，单击"下一步"按钮。

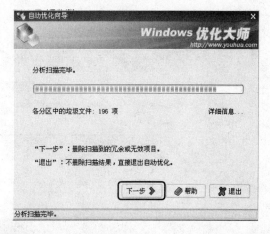

第9步 确认删除垃圾文件 弹出提示信息框，确认删除扫描到的垃圾文件，单击"确定"按钮。

第10步 分析冗余信息 开始扫描分析冗余信息。

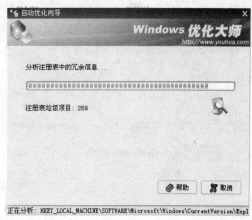

第11步 确认删除冗余信息　弹出提示信息框，确认删除扫描到的冗余信息，单击"确定"按钮。

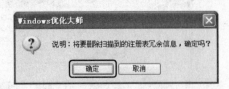

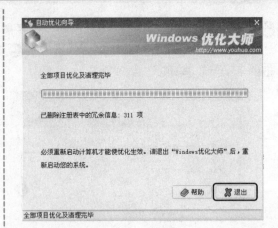

第12步 重启电脑　删除完毕后，单击"退出"按钮。重启电脑使设置生效。

提示您

优化大师能为用户的系统提供全面有效、简便安全的优化清理和维护功能。

高手点拨

在进行系统优化时，可单击"帮助"按钮，参考帮助文件来优化系统。

14.3.2 系统优化

Windows 优化大师的系统优化功能很强大，包括磁盘缓存优化、桌面菜单优化、文件系统优化、网络系统优化、开机速度优化等。这里我们以磁盘缓存优化中的内存整理功能为例进行详细介绍，它能够在不影响系统速度的前提下有效地释放内存。

第1步 磁盘缓存优化　选择"系统优化"选项卡。选择"磁盘缓存优化"选项。在弹出的对话框中进行需要的设置。

多学点

优化大师深入系统底层分析电脑，并根据检测结果提供系统性能进一步提高的建议。

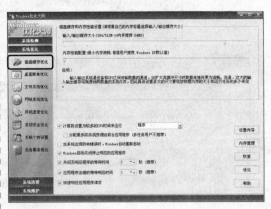

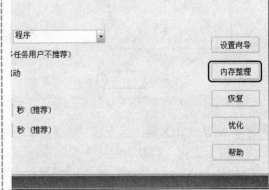

第2步 单击"内存整理"按钮　单击"内存整理"按钮。

高手点拨

在电脑使用一段时间后会产生大量文件碎片，此时需要定期对内存进行整理。

第3步 单击"快速释放"按钮　弹出"Wopti 内存整理"对话框，可以看到 CPU 和内存的使用记录，单击"快速释放"按钮。

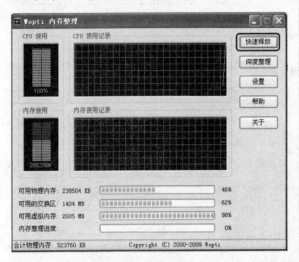

第4步 释放完毕　释放完毕，可看到内存整理后的情况。

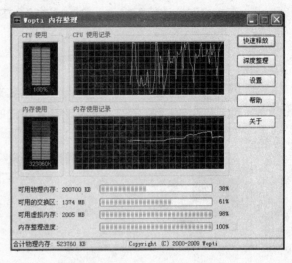

14.3.3　系统清理

Windows 优化大师具有强大的系统清理功能，包括注册信息清理、磁盘文件管理、软件智能卸载、历史痕迹清理。这些功能对于用户日常的系统管理非常有效并且使用也很方便。

1．注册信息清理

第1步 设置清理项目　❶ 选择"系统清理"选项卡，系统默认进入"注册信息清理"选项。❷ 选择列表框中需要清理的选项。❸ 单击"扫描"按钮。

第2步 扫描完毕　经过一段时间的扫描后，将显示所扫描到的符合条件的垃圾文件。单击"全部删除"按钮。

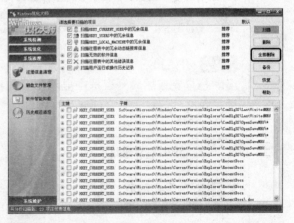

第3步 备份注册表　弹出"Windows 优化大师"对话框，询问是否要先备份注册表，单击"是"按钮。

第4步 删除注册表信息 开始备份注册表，备份完毕后弹出对话框，询问是否要删除所有扫描到的注册表信息，单击"确定"按钮。

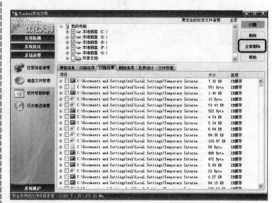

2. 磁盘文件管理

第1步 扫描磁盘文件 ❶ 选择"磁盘文件管理"选项。❷ 在列表框中选择要扫描的磁盘。❸ 单击"扫描"按钮。

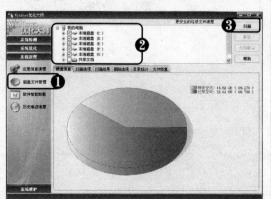

高手点拨

切换到"磁盘文件管理"选项卡时，界面右侧出现的饼状图表明了当前系统中硬盘的使用情况，绿色代表剩余空间，蓝色代表可用空间。

第2步 开始扫描 开始扫描文件，并显示进度。扫描完成后，列表框中显示出了扫描到的磁盘文件。单击"全部删除"按钮。

3. 软件智能卸载

第1步 选择要卸载的软件 ❶ 选择"软件智能卸载"选项。❷ 在软件列表中选择要被卸载的软件。

第3步 确认删除 弹出提示信息框，询问是否要删除扫描到的全部文件或文件夹，单击"确定"按钮。

第4步 放入回收站 弹出提示信息框，单击"是"按钮，将需要删除的文件放入回收站。

第2步 单击"分析"按钮　单击"分析"按钮，开始自动寻找该软件的卸载程序。

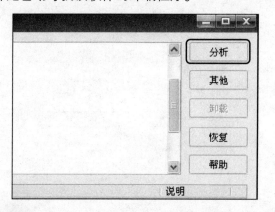

第3步 使用自带反安装程序卸载　弹出提示信息框，询问是否使用该软件自带的反安装程序进行卸载，单击"是"按钮。

第4步 确认删除　弹出程序卸载提示信息框，单击"是"按钮。

第5步 卸载完毕　开始卸载，卸载完毕后弹出提示信息框，单击"确定"按钮。

14.4　瑞星杀毒软件

电脑在日常使用的过程中极易感染病毒或木马程序，致使系统遭到破坏，数据丢失。为了保护系统的安全，需要使用杀毒软件对电脑进行实时监控并定期对电脑进行杀毒。下面以瑞星杀毒软件为例介绍杀毒软件的使用方法。

14.4.1　瑞星杀毒软件的安装

要使用杀毒软件进行监控和杀毒必须首先要安装杀毒软件，从网上下载瑞星杀毒软件的安装程序，即可进行安装。不过在网上下载的软件大多是试用版，若想永久使用，还是建议用户购买正版杀毒软件，以获得更全面的服务。

第1步 选择安装语言　双击瑞星杀毒软件安装程序图标。弹出"瑞星杀毒软件"安装对话框，单击"中文简体"选项，然后单击"确定"按钮。

第2步 单击"下一步"按钮 弹出"瑞星杀毒软件"安装向导窗口，用户应仔细阅读窗口中的内容。单击"下一步"按钮。

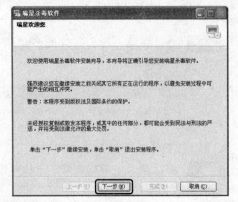

第3步 接受用户许可协议 进入"最终用户许可协议"界面，仔细阅读许可协议内容。选中"我接受"单选按钮。单击"下一步"按钮。

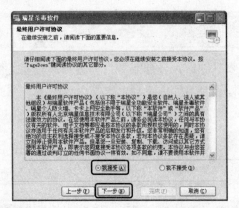

第4步 选择要安装的组件 ❶ 进入"定制安装"界面，选择要安装的组件。❷ 单击"下一步"按钮。

第5步 选择目标文件夹 ❶ 进入"选择目标文件夹"界面，单击"浏览"按钮，在弹出的对话框中选择要安装的目标文件夹。❷ 单击"下一步"按钮。

第6步 选择开始菜单文件夹 ❶ 进入"选择开始菜单文件夹"界面，在"开始菜单文件夹"文本框中输入文件夹名称。❷ 单击"下一步"按钮。

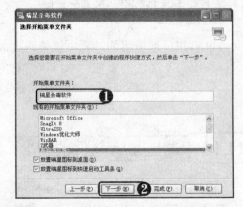

第7步 确认安装信 进入"安装信息"界面，确认安装信息无误后单击"下一步"按钮。

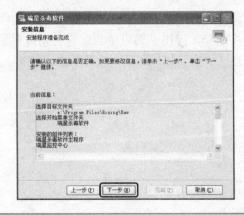

电脑小专家

问：瑞星杀毒软件是不是必须在激活后才可以使用呢？

答：不一定，在网上下载的绿色软件不需要激活就可以使用。

新手巧上路

问：时下比较流行的杀毒软件有哪些呢？

答：目前广受青睐的杀毒软件有江民、瑞星、金山毒霸、卡巴斯基等，用户可根据自己的需要进行选择。

第8步 **开始安装** 进入到安装界面，开始安装软件，并显示安装进度。

第9步 **安装完成** 安装完成后出现"结束"界面，单击"完成"按钮。重启计算机即可完成更新。

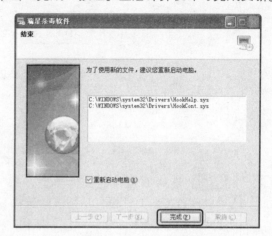

 高手点拨

在电脑中毒后，常会出现运行速度慢、打不开某些程序、自动关机或电脑重启等症状，用户可根据这些现象进行判断电脑是否中毒。

14.4.2 启用实时监控

启用实时监控功能，可对电脑安全状态进行时刻监控，在第一时间监测到病毒并提醒用户处理。

第1步 **启动瑞星杀毒软件** 双击桌面的"瑞星杀毒软件"图标。

择"文件监控"选项，单击"设置"按钮。

第2步 **进入文件监控** ❶ 选择"防御"选项卡。❷ 在左侧列表中选择"实时监控"选项。❸ 选

第3步 **单击"自定义级别"按钮** 进入"文件监控"设置界面，单击"自定义级别"按钮。

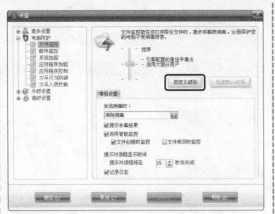

监控"设置界面，在"发现病毒时"下方的下拉列表中选择"清除病毒"选项。在对话框内进行其他设置。

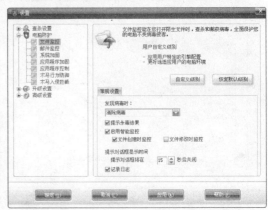

第4步 选择要监控的文件类型 ❶ 弹出"文件监控"对话框，从列表中选择要监控的文件类型。❷ 单击"确定"按钮。

第7步 高级设置 ❶ 在左侧列表中选择"高级设置"选项。❷ 在右侧设置区域中勾选需要的设置项目。❸ 单击"确定"按钮。

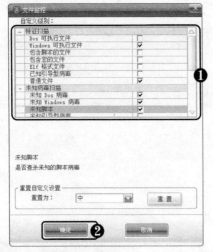

第5步 输入验证码 ❶ 弹出"输入验证码"对话框，在文本框中输入正确的验证码。❷ 单击"确定"按钮。

第8步 设置其他监控 以同样的方法进行"邮件监控"的设置。设置完毕后返回桌面，可看到任务栏右下角出现小伞图标，说明实时监控已启用。

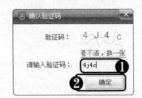

第6步 设置发现病毒时的动作 返回"文件

14.4.3 查杀电脑病毒

为了保持电脑的安全状态，用户应经常使用杀毒软件进行杀毒，下面我们将讲解如何使用瑞星杀毒软件进行杀毒。

第1步 选择"杀毒"选项卡 ❶ 启动瑞星杀毒软件。❷ 选择"杀毒"选项卡。

第2步 选择查杀目标 在左侧的"查杀目标"列表中选择要查杀的对象。

第3步 设置查杀方式 ❶ 在"设置"区域中的"发现病毒时"下拉列表框中选择"清除病毒"选项。❷ 在"杀毒结束时"下拉列表框中选择"返回"选项。❸ 单击"开始查杀"按钮。

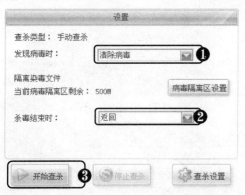

第4步 开始查杀 进入查杀页面，开始查杀病毒，并显示查杀进度和查杀对象的详细信息。

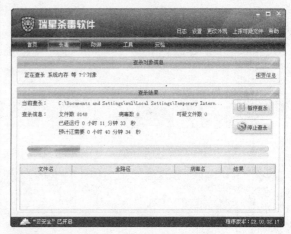

第5步 查杀结束 查杀结束后弹出提示信息框，显示查杀信息，单击"确定"按钮。

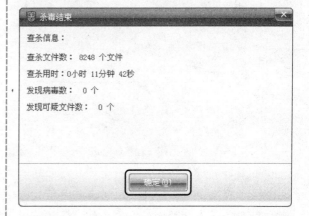

 **高手点拨**

设置自动查杀，可使杀毒软件在指定时间内自动查杀病毒，提高工作效率。

高手点拨

电脑病毒层出不穷，用户需要定时升级杀毒软件，并更新病毒库。

14.5 防火墙

如今网络上的病毒日益猖獗，仅仅使用杀毒软件杀毒和实时监控是远远不够的，要想更完善的保护电脑的安全，还要在系统中安装能有效监测和拦截不明病毒和木马的防火墙。

14.5.1 防火墙介绍

防火墙就是一个位于计算机和它所连接的网络之间的软件或硬件。该计算机流入流出的所有网络通信均要经过此防火墙。防火墙采取内部网和因特网分开的措施，实际上就是一种隔离技术，在两个网络通信时执行一种控制访问尺度，允许用户"同意"的数据进入网络，将用户"不同意"的数据拒之门外。

防火墙具有很好的保护作用，入侵者必须首先穿越防火墙的安全防线，才能接触目标计算机。

防火墙对流经它的网络通信进行扫描，这样能够过滤掉一些攻击，以免其在目标计算机上被执行。防火墙还可以关闭不使用的端口。而且它还能禁止特定端口的流出通信，封锁特洛伊木马。最后，它可以禁止来自特殊站点的访问，从而防止来自不明入侵者的所有通信。

防火墙的优点：

🌿 防火墙能强化安全策略。

🌿 防火墙能有效地记录 Internet 上的活动。

🌿 防火墙限制暴露用户点。防火墙能够用来隔开网络中的一个网段与另一个网段。这样，能够防止影响一个网段的问题通过整个网络传播。

🌿 防火墙是一个安全策略的检查站。所有进出的信息都必须通过防火墙，防火墙便成为安全问题的检查点，使可疑的访问被拒绝于门外。

14.5.2 Windows 防火墙

Windows 防火墙将限制从其他计算机发送到用户计算机上的信息，这使用户可以更好地控制计算机上的数据，并针对那些未经邀请而尝试连接到计算机的用户或程序（包括病毒和蠕虫）提供了一条防御线。

第1步 打开控制面板 ❶ 单击"开始"按钮。❷ 选择"控制面板"命令。

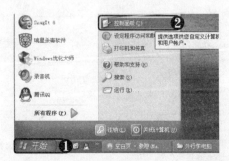

第2步 打开"Windows 防火墙" 打开"控制面板"窗口，双击"Windows 防火墙"图标。

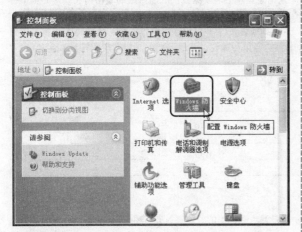

第3步 启用防火墙 弹出"Windows 防火墙"对话框，选择"启用（推荐）"单选按钮。

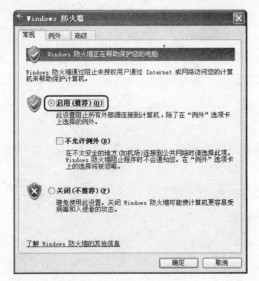

第4步 单击"设置"按钮 ❶ 选择"高级"选项卡。❷ 单击"网络连接设置"区域的"设置"按钮。

 **高手点拨**

即便是安装了其他防火墙软件，还是不建议用户关闭系统自带的 Windows 防火墙。

第5步 设置例外服务 弹出"高级设置"对话框，在其中选中"服务"选项区域中的所需要的服务的复选框。

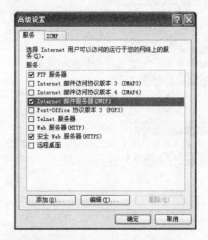

第6步 服务设置 ❶ 弹出"服务设置"对话框，在其中的编辑框中输入计算机名称或 IP 地址。❷ 连续单击"确定"按钮，启用 Windows 防火墙。

读 者 意 见 反 馈 表

亲爱的读者：

感谢您对中国铁道出版社的支持，您的建议是我们不断改进工作的信息来源，您的需求是我们不断开拓创新的基础。为了更好地服务读者，出版更多的精品图书，希望您能在百忙之中抽出时间填写这份意见反馈表发给我们。随书纸制表格请在填好后剪下寄到：北京市西城区右安门西街8号中国铁道出版社综合编辑部 苏茜 收（邮编：100054）。或者采用传真（010-63549458）方式发送。此外，读者也可以直接通过电子邮件把意见反馈给我们，E-mail地址是：suqian@tqbooks.net。我们将选出意见中肯的热心读者，赠送本社的其他图书作为奖励。同时，我们将充分考虑您的意见和建议，并尽可能地给您满意的答复。谢谢！

- -

所购书名：_____

个人资料：

姓名：_____ 性别：_____ 年龄：_____ 文化程度：_____

职业：_____ 电话：_____ E-mail：_____

通信地址：_____ 邮编：_____

- -

您是如何得知本书的：

□书店宣传 □网络宣传 □展会促销 □出版社图书目录 □老师指定 □杂志、报纸等的介绍 □别人推荐
□其他（请指明）_____

您从何处得到本书的：

□书店 □邮购 □商场、超市等卖场 □图书销售的网站 □培训学校 □其他

影响您购买本书的因素（可多选）：

□内容实用 □价格合理 □装帧设计精美 □带多媒体教学光盘 □优惠促销 □书评广告 □出版社知名度
□作者名气 □工作、生活和学习的需要 □其他

您对本书封面设计的满意程度：

□很满意 □比较满意 □一般 □不满意 □改进建议

您对本书的总体满意程度：

从文字的角度 □很满意 □比较满意 □一般 □不满意
从技术的角度 □很满意 □比较满意 □一般 □不满意

您希望书中图的比例是多少：

□少量的图片辅以大量的文字 □图文比例相当 □大量的图片辅以少量的文字

您希望本书的定价是多少：

本书最令您满意的是：

1.

2.

您在使用本书时遇到哪些困难：

1.

2.

您希望本书在哪些方面进行改进：

1.

2.

您需要购买哪些方面的图书？对我社现有图书有什么好的建议？

您更喜欢阅读哪些类型和层次的计算机书籍（可多选）？

□入门类 □精通类 □综合类 □问答类 □图解类 □查询手册类 □实例教程类

您在学习计算机的过程中有什么困难？

您的其他要求：